たし好みのデザイン和もの一〇〇選

＋おまけ八選

はじめに

日本には大切にしたい伝統や美意識、受け継いでいきたい技術がたくさんあります。でも、そうしたものを知ることやふれる機会はなかなかありません。

わたしは、「和樂」（小学館）の和樂贔屓の会・クラスアップ通販で、二年以上も商品セレクションと構成を担当。誌面で取り扱った、暮らしまわりを彩る商品も、すでに四百点を超えています。また、企業やショップの商品企画や開発、プロデュースなども務め、二〇〇六年三月開業のホテル・ハイアットリージェンシー京都内にある、"手のひらの和"をコンセプトにしたセレクトショップ「京」の商品セレクションも手がけています。こうした仕事柄、いろいろなものに出会う機会に恵まれました。そんななかで、日本の技術と伝統を生かしながら、今の生活にフィットする上質な品物が多くあることに気がついたのです。こうした日本のいいものを、もっともっとたくさんの人に知ってもらい、使ってほしいという思いが、この本をつくるきっかけになりました。

タイトルの"デザイン和もの"は、現代の暮らしやライフスタイル、空間に合うデザインの和もの。つまり、骨董ではなく、今様の和ものです。また、百選としましたが、実は八品をおまけとして百八の品物を紹介しています。百八は煩悩の数。煩悩の赴くままに、出会い、買い求め、使ったり、贈ったり、いただいた数多くのものから、わたしが愛用している"デザイン和もの"の推奨品たちです。

そして、"わたし好み"のわたしは、裏地桂子であり、この本を手にとったあなたでもあります。この本が、あなた好みの品を見つける助けになれば幸いです。

第一章

和装まわり

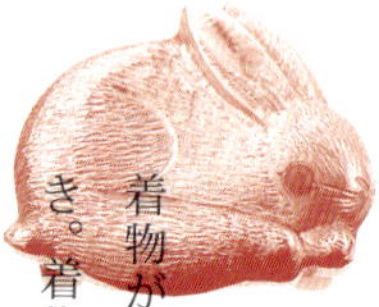

着物が好き。着物は美しいから、見るのも着るのも大好き。着物に触れていると、手仕事の繊細さや素晴らしさに目も心も奪われ、ふっと優雅なひとときをもてる。着物の世界は奥が深く、わたしは、まだまだ着物初心者で着付けもできない。でも、“和心を装う”和装の楽しみは、世代を超えて大事に受け継いでもらいたい伝統です。この章では、着物に付随する和装まわりのものを紹介。いわゆるお誂えものも多く、お店と客であるわたしの真剣勝負なやりとりを通して出来上がった、本当の意味での“わたし仕様”“わたし好み”のものも登場します。

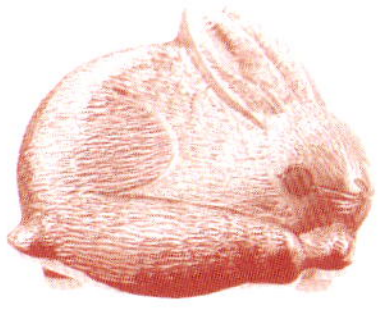
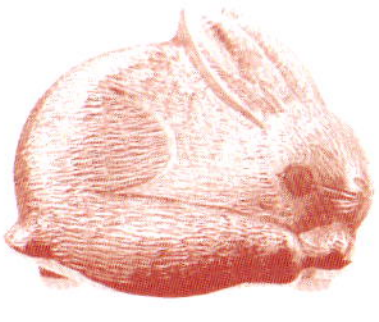

〇〇一 ない藤のたたみ表のぞうり

「ない藤」のぞうりといえば着物上級者にとっても憧れ。一見さんには敷居が高い履物専門店だ。けれど、そのどこから見ても「ない藤」とわかるぷっくりとした独特の鼻緒、色合わせ、品のよさは、ほかの店のものとは際立って違う。ぞうりは「ない藤」に始まり「ない藤」に終わる、という強い思い入れのあったわたしは、ある年の暑い夏、三度も京都に通い、やっとオーダーできた。最初、店主の内藤さんはわたしの希望（たたみ表に真田紐のような鼻緒で台は黒）を「それは裏地さまには似合いません」と、こともなげに却下。これが美しいものをつくり続けてきた老舗のプライドと責任感だわ、と妙に感心したが、わたしにも意地がある。三度目の正直とばかり、「ない藤」に出向くためだけに猛暑のなか着物で新幹線に乗った。〝わたし好み〟を考えること、伝えること、つくっていただくことができた価値ある経験だった。

表付き巻蝋引き・茶人緒太付きぞうり

素材：ぞうりの表／竹
14万4900円
京MONO匠・祇園・ない藤
（きょうものしょう・ぎおん・ないとう）
京都府京都市東山区祇園縄手四条下ル
075・541・7110

〇〇二

磯貝ベッ甲専門店のべっこうのかんざし

本来、かんざしはつけないと、かたくなだったわたしである。髪型は着物姿をより美しく見せる一番の肝だから、熟練の技でささっと20分ほどで手早く仕上げてくださる信頼の髪結い店さえ決めておけば、かんざしなどで飾り立てないほうがまし、と高をくくっていた。それに、日頃、目にするかんざしや櫛は、派手すぎるというか、ゴージャスすぎて、わたしの求めているものとは、ちょっと違うなと感じていたから。しかし、世の中には、ただただ美しいというものがある。本来の信条を理屈なしに超えさせてしまった、このかんざしのように。出会いは、目黒川沿いの「燕子花《かきつばた》」というショップ。そこに、ひっそりと置かれていた。黄色がかった飴色とこげ茶のツートンの絶妙なバランスで見せる、潔いほどシンプルでモダンなデザイン。そっと手に取ると軽い軽い軽い。これこそ、一生もので、究極のかんざしだと思っている。

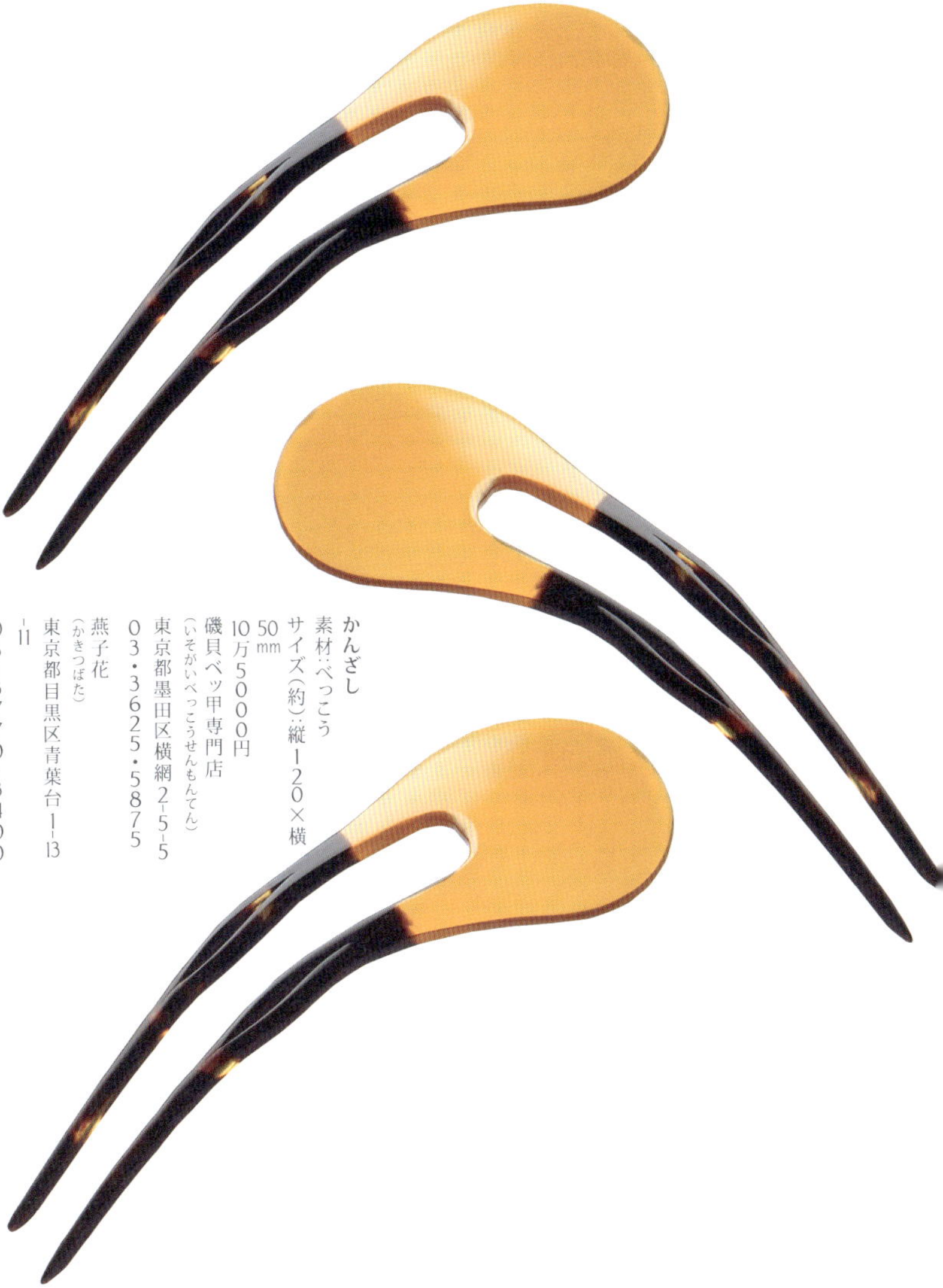

かんざし
素材：べっこう
サイズ（約）：縦120×横50mm
10万5000円
磯貝べッ甲専門店（いそがいべっこうせんもんてん）
東京都墨田区横網2-5-5
03・3625・5875
燕子花（かきつばた）
東京都目黒区青葉台1-13-11
03・3770・3400

〇〇三

植田貞之助商店の足袋

ぴたっと、すいつくように足にそうのがこの足袋。だって、お誂えだものね〜。最初、足を入れたときは、ちょっときついかなと思うけれど、長時間はいていても、ぜんぜん苦しくないし、ぴた！なのである。この足袋をつくるには、ふつうの民家の工房にうかがい、裸足になる。ちょっと気恥ずかしいが、ていねいに足幅や指の形、足首など、左右それぞれ十か所を採寸。そして、待つこと約五か月。コハゼに「けいこ」と刻まれた足袋が、一組ずつ袋に納められて届いた。袋ひとつとっても職人の誇りを感じる。もちろん、ほかの足袋の老舗で、足袋をつくったり買ったりしたこともあるが、「植田貞之助商店」の足袋がわたしは一番好き。最高級のキャラコを使用した独自の製法で、洗濯してもコハゼの金具の部分で布が切れることも型くずれもなく、とっても丈夫で、シワになりにくい。足袋のなかの足袋だと、太鼓判を押したい。

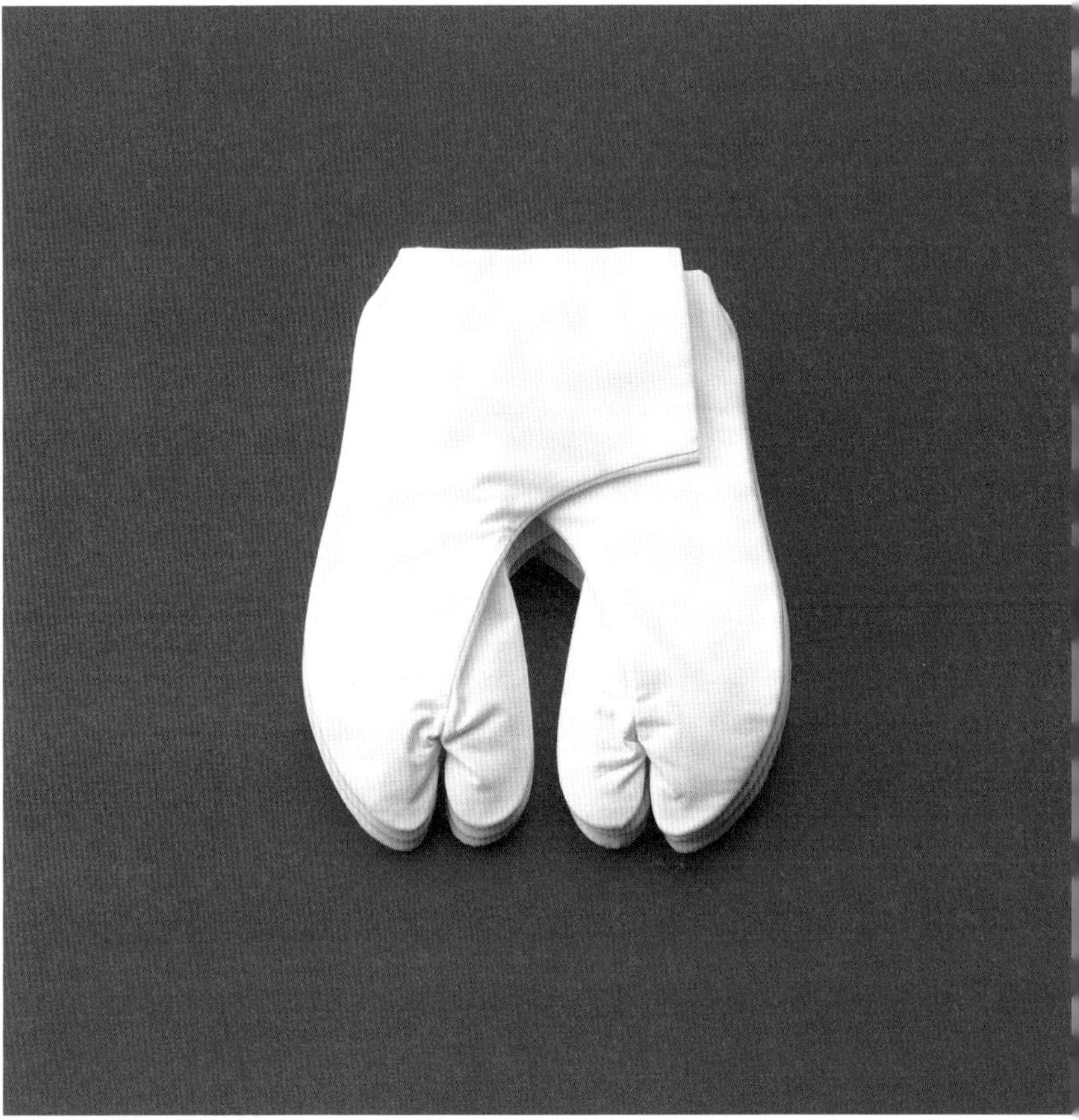

足袋
素材:キャラコ(綿100%)
6足3万1500円
誂足袋専門 植田貞之助商店
(あつらえたびせんもん うえださだのすけしょうてん)
京都府京都市下京区七条
御所ノ内本町46
075・313・1761

〇〇四

銀座くのやの帯枕、帯板、伊達締め

わたしは、着物好きだが、着付けができない。着物を着るときは、自宅に着付けの先生に来ていただいている。半襟の付け替えもささっとしてくださり、着物を着てのお出かけが億劫にならない。そのうえ、先生の着付けは、ぴしっとしているし、わたしの体型を熟知しているので補正も上手。着くずれずラクなので、着物を着るのが楽しい。そんな先生が、「銀座くのや」の伊達締めや帯板を見て、開口一番「まあ、かわいいわね～」とおっしゃった。また、旅先で着付けてもらう際、ホテルの美容室の方にも、これらの小物は注目を集める。こうした着物の小物類は、淡いピンクの無地が多いので、「銀座くのや」オリジナルの宝づくしの文様がちらばった、かわいいものを発見したときはとってもうれしく、縁起がいい感じがした。値段が少々高いのは絹地だからだそう。見えないところに凝る、なんとなく和の心だと思っている。

宝づくしの帯枕、帯板、
伊達締め

素材：表地／正絹
帯枕／1680円
帯板／3150円
伊達締め／7875円
銀座くのや
（ぎんざくのや）
東京都中央区銀座6-9-8
03・3571・2546

〇〇五 道明の帯締め
〇〇六 青山 八木の色半襟

「道明」の帯締めは、きゅっきゅっと締まるので好き。上野の店は構えも雰囲気も渋くて格式があって素敵ですが、わたしはなんとなく気後れしてしまうので、だいたいは「松屋銀座」で単色の冠組を購入。でも、この帯締めは「青山 八木」が特別に「道明」にオーダーしているから、「青山 八木」でしか買えない人気の品。組紐ならではのストライプのシンプルな色合わせが粋。

着物研究家の森田空美先生に、「真っ白の半襟は反射がきつくなるので、淡い色半襟のほうが、顔色がよく見えるのよ」と教わった。さっそく「青山 八木」の淡いサーモンピンクとグレーの色半襟を購入。これが実にいい。この色半襟をつけていると、「顔写りがいいわね」と着物好きの方からよく褒められる。うれしくなって、ほんのりベージュ系の色半襟も買い足した。顔の表情がやさしく見えるから、淡い色の半襟をぜひお試しください。

帯締め
色半襟

素材:正絹
サイズ(約):帯締め/幅12×長さ1520㎜、色半襟/幅150×長さ1070㎜
帯締め/各2万5300円
色半襟/各4200円

青山 八木
(あおやまやぎ)
東京都港区南青山1-4-2
八並ビル1F
03・3401・2374

有職組紐 道明
(ゆうそくくみひも どうみょう)
東京都台東区上野2-11-1
03・3831・3773

松屋銀座
(まつやぎんざ)
03・3567・1211(代)

○○七

かづら清老舗の刺繍半襟と刺繍鼻緒のぞうり

京都の「かづら清老舗」の店内で、真っ赤な地に菊の文様の刺繍半襟がひときわ目立っていた。同じ刺繍柄の鼻緒のぞうりやバッグもいっしょにディスプレイしてあって、インパクトがあっていいなと思ったけれど、さすがに赤はちょっと…。そこで、黒地とベージュ地のものを見せていただいた。豪華な万寿菊の刺繍だが、ベージュ地は嫌味がなく、品がいい。それに、バッグとぞうりのお揃いはよくあるけれど、半襟と鼻緒がお揃いのコーディネートはさりげなくてお洒落だと思い、購入することに。ぞうりの台は、たたみ表の五段重ねを選んだ。たたみ表のぞうりは、はいていて足の裏がむれないし、疲れないので愛用している。ベージュ地に白糸と金糸でたっぷり施された刺繍半襟と鼻緒は、控えめでありながら、華やぎを醸すのでお気に入り。先日、鳥の子色の訪問着に合わせて、友人の披露宴に出席したら好評だった。

刺繍半襟、刺繍鼻緒のぞうり
素材：半襟の生地、刺繍糸、
ぞうりの鼻緒／絹100％
刺繍半襟／3万1500円
刺繍鼻緒のぞうり／
5万4600円
かづら清老舗
（かづらせいろうほ）
京都府京都市東山区四条通
祇園町北側285
075・561・0672

〇〇八

竺仙の浴衣の反物

夏の着物は着るが、浴衣を着ることはなかった。浴衣は子供のころの縁日や旅先の旅館で着るイメージがあって、世間が浴衣ブームでも関心がなかった。なのに、「竺仙」の店内で浴衣地の柄の見本帖を見たら、楽しくて驚きがあって、もうだめ。あれもいい、これもいいと、俄然、欲しくなってしまった。結局、たくさんの魅力的な柄のなかから、一時間かけて選んだのは、黒地に小菊の注染の反物と、浴衣というよりも半衿をつけて夏の小紋感覚で着たいと思った奥州小紋の竹柄。手織り紬のような風合いの綿生地に、江戸時代より伝わる中形の伝統柄を引き染めで一反ずつ手染めされた贅沢な品だ。なんだか、自分の浴衣だけを買うのは忍びなくて、夫にも角通しの反物を購入。独特の籠染めの手法で、トンボ柄とリバシーブルになっている。いまだに反物を眺めているだけで満足している。来年こそは仕立ててもらわなくちゃ。

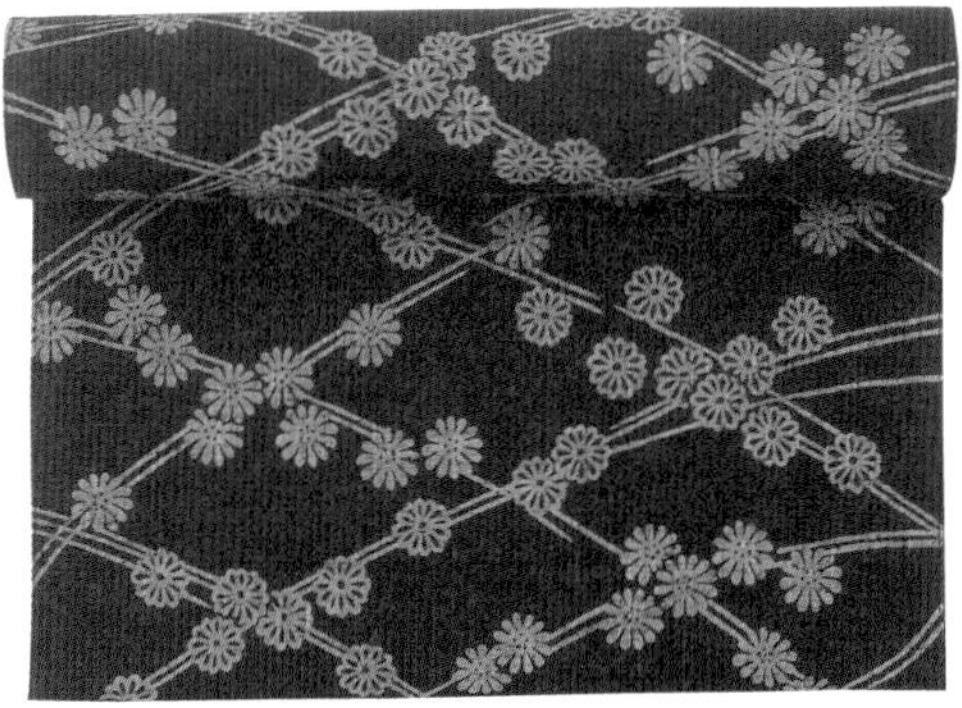

浴衣の反物
素材：綿100％
紬浴衣（黒地に小菊）／
2万2050円
奥州小紋浴衣（竹柄）／
5万400円
コーマ正藍浴衣（角通し）／
2万2050円
竺仙
（ちくせん）
東京都中央区日本橋小舟町
2番3号
03・5202・0991

〇〇九

千ひろ工房の古布遊びの帯

ある秋の日の食事会に友人が締めてきた帯には、松茸や栗が古布でパッチワークされていた。お題は「実りの秋」らしい。その帯は、松茸三昧の食事会にぴったりで、大人ならではのお茶目な遊び心が、とても印象に残り、わたしも後日、注文した。紺地の紬の名古屋帯は決めたが、あとはおまかせだった。出来上がった帯の銘は「口福」。前面は、ちまきにうぐいす豆の大福。お太鼓部分には、抹茶茶碗と金平糖などが楽しく配置されている。デザインや配色などは、大西千尋さんが「忙しいときでも、ほっとひと息のお茶とおいしいお菓子で幸せになれますように」との想いからできた図柄。布を選び、一針一針、ちくちく手の赴くままに縫っていくので、型紙はないそう。ぷっくりとしたパッチワークは、手づくりならではのゆるい感じが気に入っている。この帯と合わせるのは、格子柄に胡桃染めされた信州紬の着物だ。

古布遊びの帯

素材：紬など
18万9000円〜
千ひろ工房
（ちひろこうぼう）
愛媛県松山市祝谷6丁目94-5
089・922・4088

〇一〇 懐中時計

着物に腕時計はちょっと野暮。だから、ずっと懐中時計を探していた。でも、なかなか見つからない。時計のフェイスサイズが大きかったり、フレームがごてごてしていたり、文字盤が読みにくかったり、値段があまりにも高すぎたり…。そんなとき、和装小物店で見つけたのがこれ。わたしの好きなうさぎ柄が施され、文字盤もシンプルで見やすい。フェイスの大きさも約三センチと頃合いもいい。そのうえ、お手頃価格なのもうれしい。さっそく、うさぎ年のお友だちにプレゼントしたら、とっても喜ばれた。わたしも気に入って使っていたが落としてしまい、今のは二代目。そのくらいお気に入りの懐中時計だから、さらに〝わたし好み〟にするために、白の組紐を宇治の「昇苑くみひも」に注文した。もともとは黒の組紐がついていて、秋冬にはいいのだが、春夏には白がきれいだろうなと、考えたから。ね、いいでしょ。

懐中時計（黒の組紐付き）
素材：フレーム・文字盤／真鍮、裏プレート／銀、紐／絹100％
サイズ（約）：直径30×厚さ8㎜、紐の長さ100㎜
1万3650円
かづら清老舗（かづらせいろうほ）
京都府京都市東山区四条通祇園町北側285
075・561・0672
＊白の組紐は昇苑くみひも（54頁参照）のもの

○一一　浦邉裕子さんの布バッグ

「青山 八木」の店内に入ったとたん、呼ばれるように出会ったバッグ。革の二本手の持ち手といい、三二センチ四方の正方形のサイズといい、黒と白をベースにしたストライプの布合わせも"わたし好み"。古い麻を使っているというのに、そうは見えない端正で清々しい美しさが気に入った。ていねいにきちんと縫製されたバッグの仕上がりは見事。いっしょにいた友人の「これって、裏地っぽいね」という言葉にも後押しされ、即買いしてしまった。着物のときに持てる、ありそうでなかったスタイリッシュな布バッグだ。ただ、このサイズは、荷物が多いときに持ちたいサブバッグ。それはそれで便利だけど、ふだんの織の着物に布バッグをひとつだけ持ちたいときもある。そこで、同じ雰囲気で横長サイズのものを浦邉裕子さんにオーダー。出来上がったのが、この横長バッグ。持っていると「それどこの？」と、よく聞かれる。

四角バッグ
素材：麻
サイズ（約）：正方形／縦320×横320mm、横長／縦255x横340mm
正方形／1万6800円、横長／各1万5120円
青山 八木
（あおやま やぎ）
東京都港区南青山1-4-2
八並ビル1F
03・3401・2374

○二二

石黒香舗の赤い無地のにほひ袋

京都にはお香の専門店がいくつかある。香りものが好きなわたしは、この店ではこれ、あの店ではあれと、お店によってマイベストな買うものを決めている。たとえば、「石黒香舗」では、ちりめん地の赤い無地のにほひ袋の大。赤い袋に白い紐といたってシンプルなにほひ袋は、まさしく〝デザイン和もの〟だ。「赤は魔よけになるよ」と友人から京都みやげにいただいて以来、いったいいくつ買ったことか。小もあるが、大のサイズが使いやすい。天然の香木を秘伝の調合で合わせたこのにほひ袋は、虫よけにもなるので、わたしは着物の箪笥にいくつか入れて防虫香として愛用している。創業は安政二年という老舗。全国で唯一のにほひ袋の専門店らしく、店内には、西陣織りや友禅のにほひ袋をはじめ、お花や動物、十二支などをデザインした、色も形もさまざまなにほひ袋がたくさん並んでいるが、わたしはずっとこれ一筋。

にほひ袋（無地・大）
素材：生地／ちりめん、
香／天然の十種の香木を調合
サイズ（約）：縦50×横50㎜
1個473円
石黒香舗
（いしぐろこうほ）
京都府京都市中京区三条通
り柳馬場西入
075・221・1781

○一三　わびわびのオーガンジーたとう紙

着物は高価なものだけに、保管にも気を使う。たとう紙といえば和紙だが、そういう固定観念を覆したのが、「わびわび」のオーガンジーの美しいたとう紙。ありそうでなかったと思いませんか。オーガンジーのやさしい生地に薄くてやわらかなリボンがついていて和箪笥を開けるたびに、見た目にも優雅な気分にひたることができる。それに、天然素材の綿のオーガンジーは通気性もよく、なにより、中の着物や帯が透けて見える。だから、和紙のたとう紙のように、いちいち紐をほどいて中を確認する手間がはぶける。でも、決して安くはない。わたしはとっておきの着物と帯だけをこのオーガンジーたとう紙で大切に保管している。そうそう、名前の刺繍が入るのも、とても特別で贅沢な感じがしてうれしい。ちょっと勇気がいる価格だからこそ、着物好きなあの方の名前を刺繍して贈り物にすると、きっと喜ばれますよ。

オーガンジーたとう紙・
名前刺繍入り(着物用、帯用)
素材:オーガンジー(綿)
サイズ(約):着物用/縦
360×横850㎜、
帯用/縦360×横650㎜
着物用/1万500円
帯用/8925円
*名前刺繍は、ひらがな4文字まで
わびわび
03・3324・4640

〇一四

渡辺商店の着物入れ葛籠

葛籠《つづら》は、昔から防湿、防虫、防腐効果があり、とても優れた収納具として使われていたもの。五年前に、わたしは家紋（五三の桐）を入れた呉服用の葛籠をお願いした。昔ながらの葛籠に着物を入れたいと思ったからだ。てかてかしたつやのある仕上げではなく、マットな黒の松煙仕上げにこだわったので、リビングに置けばインテリアのアクセントにもなりそうなモダンな仕上がりに。「渡辺商店」の京葛籠は、長岡の四年ものの孟宗竹、宇和島産の手漉きの和紙、タロイモの粉を煮た糊、そして柿渋やカシューで仕上げる。だからこそ、耐久性も高く、一生もの。実際は、大きなサイズのものよりも、手軽な文箱や茶箱が人気だそう。相撲の関取衆の明荷もこちらのもの。籠づくりから和紙貼り、漆塗りまでを一貫してこなす葛籠職人は、今では全国でも渡辺豪和さんのみ。息子さんが後を継ぐべく、いっしょにがんばっている。

葛籠（衣装入れ、帯入れ、帯締め入れ）

素材：竹篭、和紙貼り、松煙柿渋仕上げ

サイズ（約）：衣装入れ／縦380×横900×高さ210㎜、帯入れ／縦380×横600×高さ210㎜、帯締め入れ／縦200×横420×高さ110㎜

衣装入れ／5万5650円

帯入れ／4万7250円

帯締め入れ（中掛子付き）／2万3100円

渡辺商店
（わたなべしょうてん）

京都府京都市東山区東大路五条下ル東入

075・551・0044

〇一五 下川宏道さんの小さい珊瑚の帯留め
〇一六 山清堂のうさぎの帯留め

アクセサリー作家の下川宏道さんの個展にふらっと入ったら、王冠型の指輪などキュートなものがいっぱい。なかでも、一・五センチぐらいの丸い真鍮の台に珊瑚が詰まった金平糖のような愛らしいオブジェが気に入り、作家さんに「これを帯留めにしていただけませんか」と交渉したら、「帯留めははじめてだけど、いいですよ」。ちっちゃな帯留めが欲しかったので、出来上がりには大満足。ただ、これは真鍮だから帯締めが汚れるおそれがあり、今後は「銀でおつくりします」とのこと。ふふふ、世界にひとつの帯留めだわ。

うさぎ年のわたしは、うさぎものが大好き。京都・三年坂近くの「山清堂」で、銀製の帯留めをいろいろ見せていただいていたら、このうさぎに目が釘づけ。ルビーの赤い目に、「かわいい。欲しい～」と即決。だって、うさぎモチーフのものは数あれど、このぽっちゃり感がなんとも微笑ましくてグッド。

珊瑚の帯留め
（参考商品）
素材：真鍮、銅、ピンクサンゴ
サイズ（約）：直径15×高さ8mm
下川宏道
（しもかわひろみち）
03・3338・5500
＊銀製の珊瑚の帯留めは2万2050円

帯留めうさぎ紋
素材：本体／銀、目／ルビー
サイズ（約）：縦25×横30mm
6万3000円
山清堂
（さんせいどう）
京都府京都市東山区清水2丁目207
075・525・1470

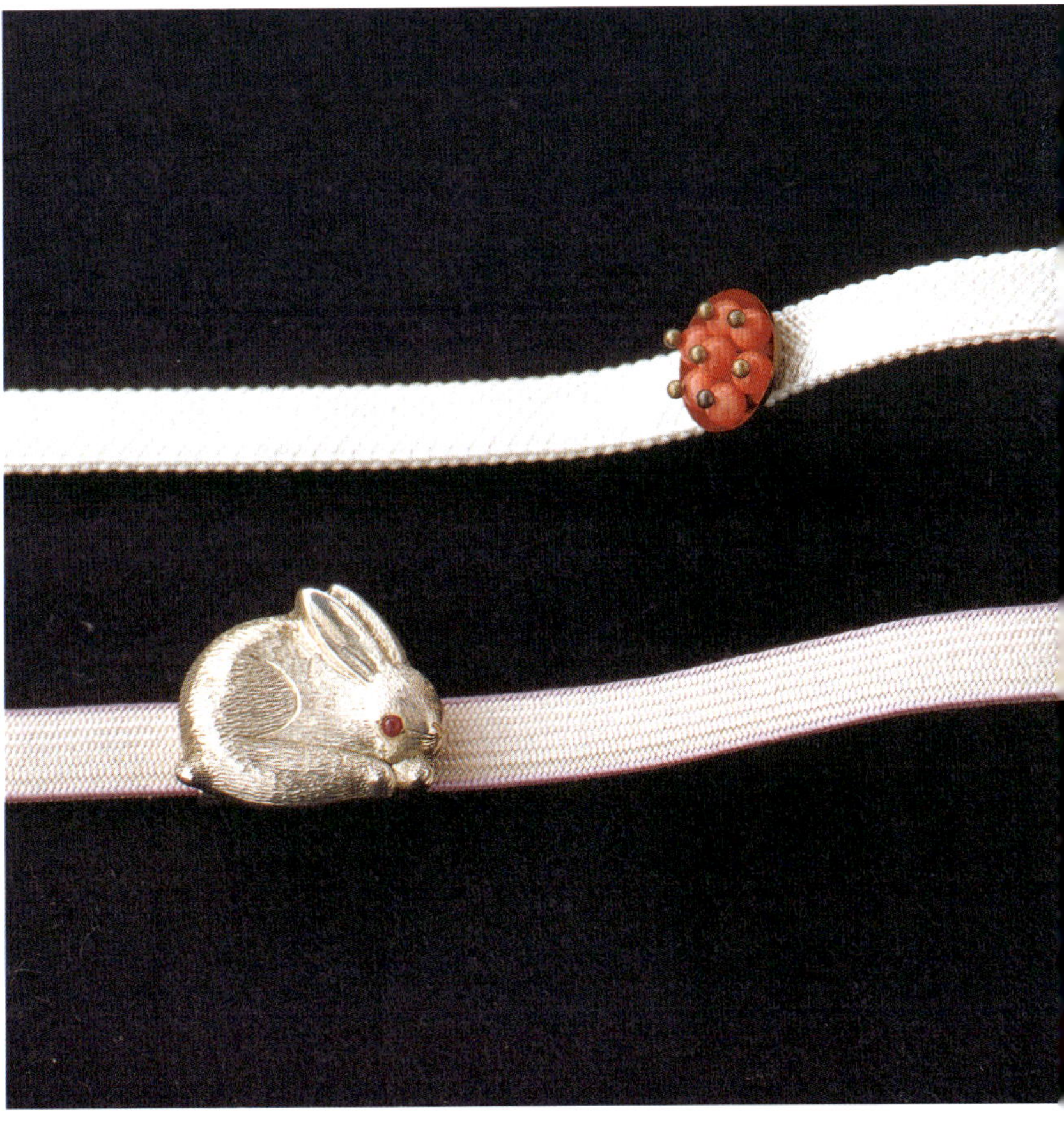

第二章

冠婚葬祭

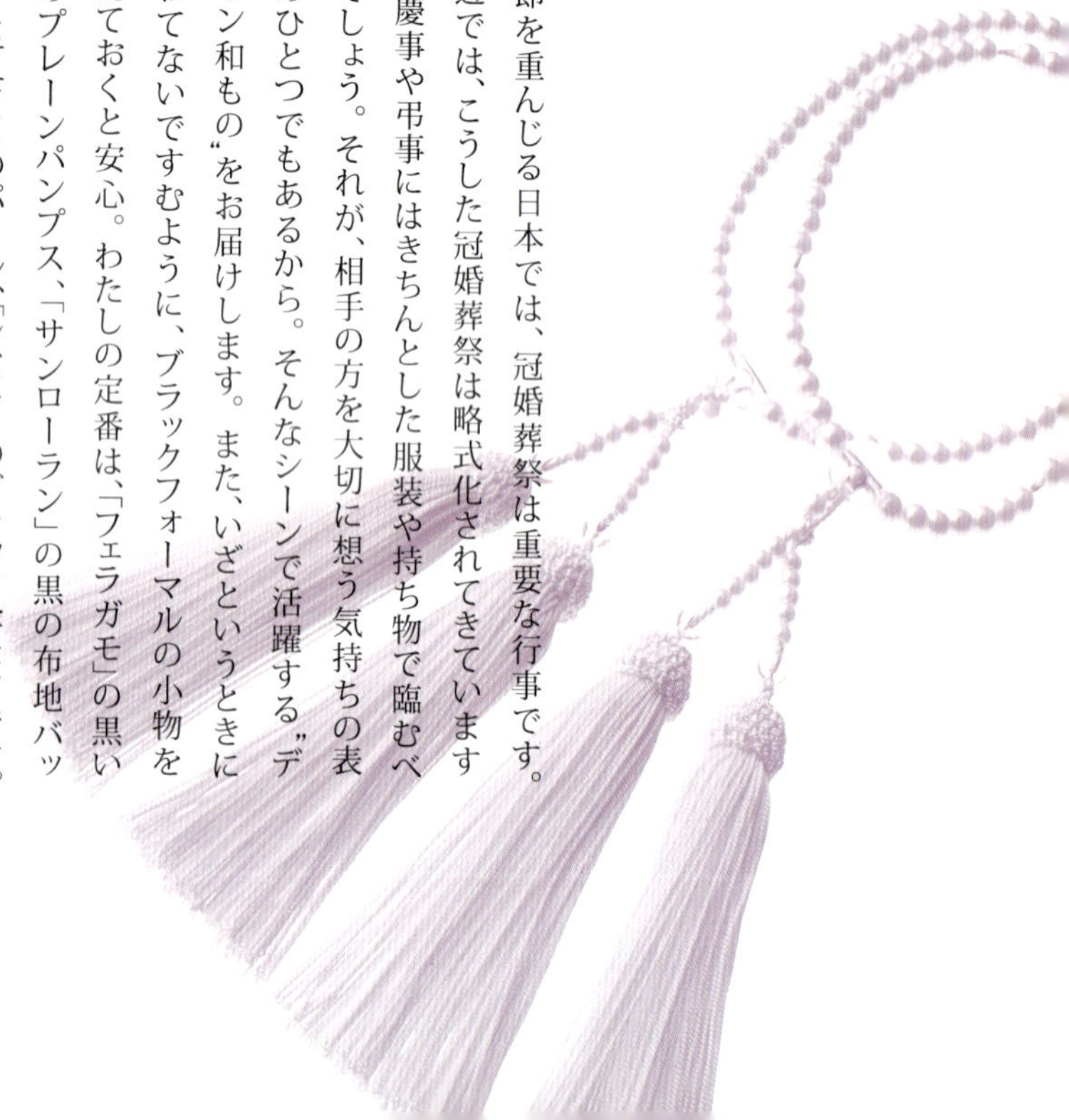

礼節を重んじる日本では、冠婚葬祭は重要な行事です。最近では、こうした冠婚葬祭は略式化されてきていますが、慶事や弔事にはきちんとした服装や持ち物で臨むべきでしょう。それが、相手の方を大切に想う気持ちの表れのひとつでもあるから。そんなシーンで活躍する〝デザイン和もの〟をお届けします。また、いざというときにあわてないですむように、ブラックフォーマルの小物を揃えておくと安心。わたしの定番は、「フェラガモ」の黒い革のプレーンパンプス、「サンローラン」の黒の布地バック、「ミキモト」のパール、「シビラ」のブラック傘などです。

○一七

粋更の麻と絹の紅白風呂敷

最近は、エコロジーの面からも風呂敷がブームのようだ。巷には、素材、色柄、サイズもさまざまな風呂敷があふれている。たしかに、たたんでバッグの中に忍ばせておくと、なにかと便利。わたしも、木綿、麻、絹、友禅、革など、大小あわせて十枚ほど持っているが、これは紅白の色合わせと麻と絹の素材の組み合わせが好きで、お気に入りの風呂敷のひとつ。サイズも大きすぎず小さすぎず、使いやすい。麻はしわになるからと嫌がる方も多いが、わたしは、しわがいいのにな〜と思っている。それに、シャリ感のある白い麻なので、足袋の白と同様、アクセントカラーになって着物にも映える。ちらりと見える朱色の絹地とのコントラストもいい。シンプルな白の麻の無地だから、洋装に持っても意外に違和感がなく、合わせやすいので春夏には、出番も多い。白は汚れが気になるけれど、贅沢だし、洗練されていると思う。

風呂敷
素材：赤地／絹、白地／麻
サイズ（約）：830×830mm
1万2600円
粋更kisara
（きさら）
東京都渋谷区神宮前4-12-10表参道ヒルズ本館B2
03・5785・1630

〇一八

龍村美術織物販売の金封簡易袱紗

慶事や弔事のときに、金封をそのまま持参するのはマナー違反とされている。かといって、袱紗と切手盆を組み合わせた簡略の台付き袱紗は、布がよれたり、包み方にもしきたりがあって使いにくいから、差し込み式の簡易の金封袱紗を使っていた。そこで、略式であってもフォーマルな席で見劣りすることがないものをと、「龍村美術織物販売」に金封簡易袱紗をお願いした。龍村美術織物は、正倉院や法隆寺の名物裂の復元や皇室のローブデコルテを手がけていることでも知られている。数ある織り地のなかから、わたしが選んだ文様は正倉院宝庫ゆかりの葡萄唐草文錦。慶事用は右開きで、白地に小柄な銀糸の紋様の織り地で内側は朱色。弔事用は大きめの柄いきの黒で内側も黒に。左開きで忘れがちな念珠が入るポケットもつけてもらったら、とても便利。友人たちがこぞってこの慶事用と弔事用をセットで購入したほどだ。

金封袋（祝儀用・不祝儀用）
素材：絹
サイズ（約）：縦200×横120mm
祝儀用／8400円
不祝儀用／1万5000円
龍村美術織物販売
（たつむらびじゅつおりものはんばい）
京都府京都市中京区柳馬場通御池下ル柳八幡町65番地京都朝日ビル2F
075・211・5002

○一九

折形デザイン研究所の祝儀袋と不祝儀袋

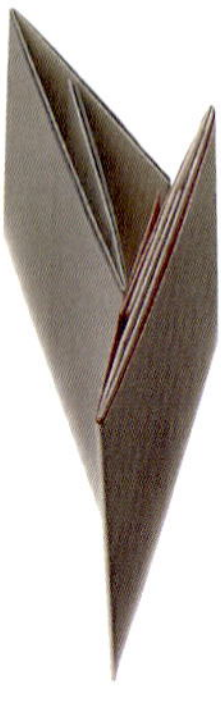

巷には、さまざまな祝儀袋や不祝儀袋があるので、TPOに合わせて、どれを選ぶかは迷うところ。結婚式のお祝いなどの祝儀袋は、水引の結ばれたものを「鳩居堂」などで買い求めている。その場で名入れもしてくれるので助かっているが、包む金額によっても金封の格を合わさなければならないので、必ず店員さんにうかがうようにしている。でも、わたしが好きなのは、折形デザイン研究所の祝儀袋と不祝儀袋。これは、和紙を漉く工程で紙の厚さに変化をつけ、和紙の透ける特徴を積極的に活かした紙幣包み。決して派手ではないけれど、和紙本来の味わいが感じられ、品がよく洒落ている。この祝儀袋は、出産祝いや新築祝いなど、さりげなくお祝いを渡したい場合に使ったり、不祝儀袋は、お通夜や告別式、法事などに出席できず、郵送するときに使うと、仰々しくなく気持ちを伝えることができるようだ。

いちまつ式（慶事用・弔事用）
素材：美濃和紙
サイズ（約）：縦180×横100㎜
各2100円
折形デザイン研究所（おりがたでざいんけんきゅうじょ）
東京都港区南青山4-17-12
クレセント青山309
03・5413・6877

〇二〇 組のハンドバッグ&ぞうり

二十年前、結婚のお祝いにと、親友のご両親から贈られたこのバッグとぞうり。ずっと、大事に使ってきた。わたしのは白×金で、金具もゴールドだが、親友は色違いの白×銀で、金具もシルバーのものを持っている。二十年経た今でも、いいものは、いい！と実感できる。一本手で小ぶりなフォルムは愛らしく、上品で、大好き。着物バッグはもっさりしたものが多いなか、このバッグはひと味違い、見たことないとよく言われる。おめでたい席やここぞというパーティーには、このバッグとぞうりがわたしの定番。組紐というと、帯締め程度の幅のものだが、これは正倉院宝物殿に残る「組」の技法を再現した広幅の織り地を使っている。箱の中に入っていた栞をたよりに製造元の「岡慶」に連絡してみた。残念ながら、現在、同じデザインのバッグとぞうりは販売されていないが、鼻緒が少し太めになったぞうりは販売されている。

組のバックとぞうり「華陽」
（参考商品）
素材：絹100％（金糸を除く）
御帯処 岡慶
（おかけい）
京都府京都市上京区智恵光
院通今出川下ル一筋目東入
075・451・0102
＊現在販売されているぞうりは5万
8800円

○二二

安田念珠店の真珠の正式念珠

念珠(数珠)は仏事に欠かせないもので、合掌する手に掛け、仏様と心を通い合わせる法具。だからこそ、家族でも貸し借りはしないで、自分専用の念珠を持つべきだそう。関西ではお守りとして身につけている方も多いとか。わたしの念珠は、お嫁入りのときに、両親から贈られた略式の珊瑚の念珠。四十代になり、そろそろ一〇八粒の正式な念珠が欲しいと思っていたが、あらたまって念珠を買いに行く機会もなく、時が過ぎていた。長年使っている珊瑚の念珠の房交換と珠つなぎをしてもらうために、創業一六八三年の老舗、京都の「安田念珠店」に足を運んだ。店内に並ぶたくさんの念珠は圧巻。房だけでも何十種類もあり、濃い紫の房を白の房に交換した。あれこれ見せていただき、涙の意味もあるという真珠で、念願の正式念珠をオーダー。白が好きなので、房も上白でお願いしたらとても上品で美しい仕上がりになった。

108個玉・正式念珠
素材：5㎜玉真珠、正絹
8万9250円
安田念珠店
（やすだねんじゅてん）
京都府京都市中京区寺町通
り六角角
075・221・3735

第三章

お洒落小物

ふだん使いの小物にこそ、使っている人自身が垣間見えると思っている。この章では、飽きのこない日常使いや、ちょっとしたプレゼントに最適な気の利いた〝デザイン和もの〟を紹介します。持っているだけでうれしくなるようなお洒落小物は、使うたびに小さな幸せが広がるはず。ちなみに、わたしのバッグの中の定番小物は、「プラダ」の黒い長財布、「ヴァレクストラ」の白い名刺入れ、「ルイ・ヴィトン」のオレンジのキーケース、「エルメス」の茶色の手帳ほか。以前はすべて黒の小物だったが、バッグの中でも見つけやすいので色ものがふえている。

〇二二
桐本泰一さんの漆の名刺入れ

〇二三
大塚華仙さんの截金のロゴ入り名刺入れ

働く人ならば必ず持つ小物が、名刺入れ。名刺を交換するたびに、相手の名刺もさることながら、名刺入れが気になって仕方がない。漆デザイナーの桐本泰一さんの名刺入れは、衝撃的だった。彼がさっとポケットから取り出したのが、この漆の名刺入れ。スポッといい音で蓋が抜けるのも特徴で、漆の贅沢な質感に、大人の男性の余裕とこだわりを感じる。ていねいな手仕事の“デザイン和もの”なので、夫に持たせたくて購入したらたいそう喜ばれた。截金《きりかね》のロゴ入り名刺入れは、「啓子桂子」（204頁参照）をたちあげたときに、記念にと、もうひとりの啓子さんとお揃いでオーダーした逸品。和っぽい名刺入れが欲しいねと探していたときに、「京都デザインハウス」で見つけた。メイプルの木地の美しさをロゴの繊細な截金の技術が引き立てている。名刺もすっと取り出しやすく、女性らしいので、「素敵ですね」と褒められる。

漆の名刺入れ
素材：ヒノキアスナロ
サイズ（約）：縦100×横62×厚さ12mm
1万500円
輪島キリモト・桐本木工所
（わじまきりもと・きりもともっこうしょ）
石川県輪島市杉平町成坪32
0768・22・0842

截金の名刺入れ
素材：ハードメイプル
サイズ（約）：縦60×横102×厚さ7mm
1万7850円〜
京都デザインハウス
（きょうとでざいんはうす）
京都府京都市中京区三条通高倉東入桝屋町53-1
075・221・0200

○二四

「京」別誂・麻の懐紙入れ

ふだんからバッグの中に携帯しておくと重宝なのが懐紙入れ。おすすめは、ありそうでなかったシンプルな麻の無地のもの。カジュアルに使えるモダンな懐紙入れだから、ふだん使いでもスマート。わたしは、この朱色のほかに、黒、白、薄墨を色違いで持っていて、季節や気分で代えている。懐紙は字のとおり、懐に入れておく紙。和紙を折ったもので、もともとは和歌や連歌・俳諧を正式に記録していた一定の大きさの紙のこと。今では、お茶の席で和菓子をいただくときなどに使うことが多いが、実は優れもの。食事のときに、口元や箸、グラスについた汚れを拭いたり、料理を口に運ぶときの受け皿にしたり。また、食べ残したものや魚の骨などを懐紙に包んで皿に置けば、上品な印象になる。それに、ちょっとしたものを包むときにも便利。懐紙をさっと差し出す仕草は、大人の女性ならではの優美な所作だと思う。

麻の懐紙入れ
素材:麻
サイズ(約):縦105×横
165mm
菓子楊枝、菓子楊枝入れ、
懐紙付き
4200円
セレクトショップ「京」(きょう)
京都府京都市東山区三十三
間堂廻り644番地2
075・541・3206

○二五

「京」別誂・組紐の携帯ストラップ

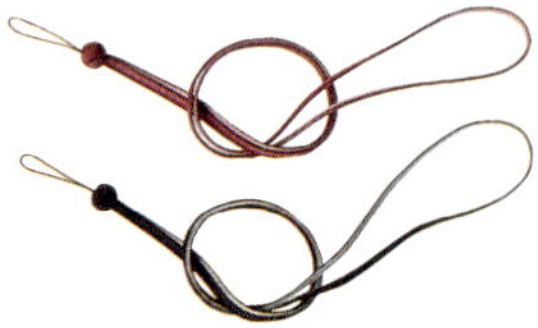

携帯電話のストラップも、なかなかいいものがない。わたしはロングストラップ派なので余計に種類が少ない。ロングストラップは、バッグの中で探しやすいし、ポケットのない洋服のときなどは首からぶらさげられるし、バッグの持ち手にちょっと掛けたりできるので便利。そこで、「京」のたちあげのときに、京都らしい組紐の携帯ロングストラップがあるといいなと思い、「昇苑くみひも」に、黒、白、ワインの三色をお願いした。絹の組紐なので、手に持っても、首に掛けたときもしなやかで、チクチクしないし、軽い。お値段も手頃だから、会社勤めの友人にプレゼントすると、ＩＤカードをぶらさげるのにも便利と大好評。特に、黒や白のロングストラップは、どんな洋服の色にも合わせやすく、大人っぽい携帯ロングストラップがなかったから、年配の方や男性に差し上げると、これはいいと喜んでくださる。

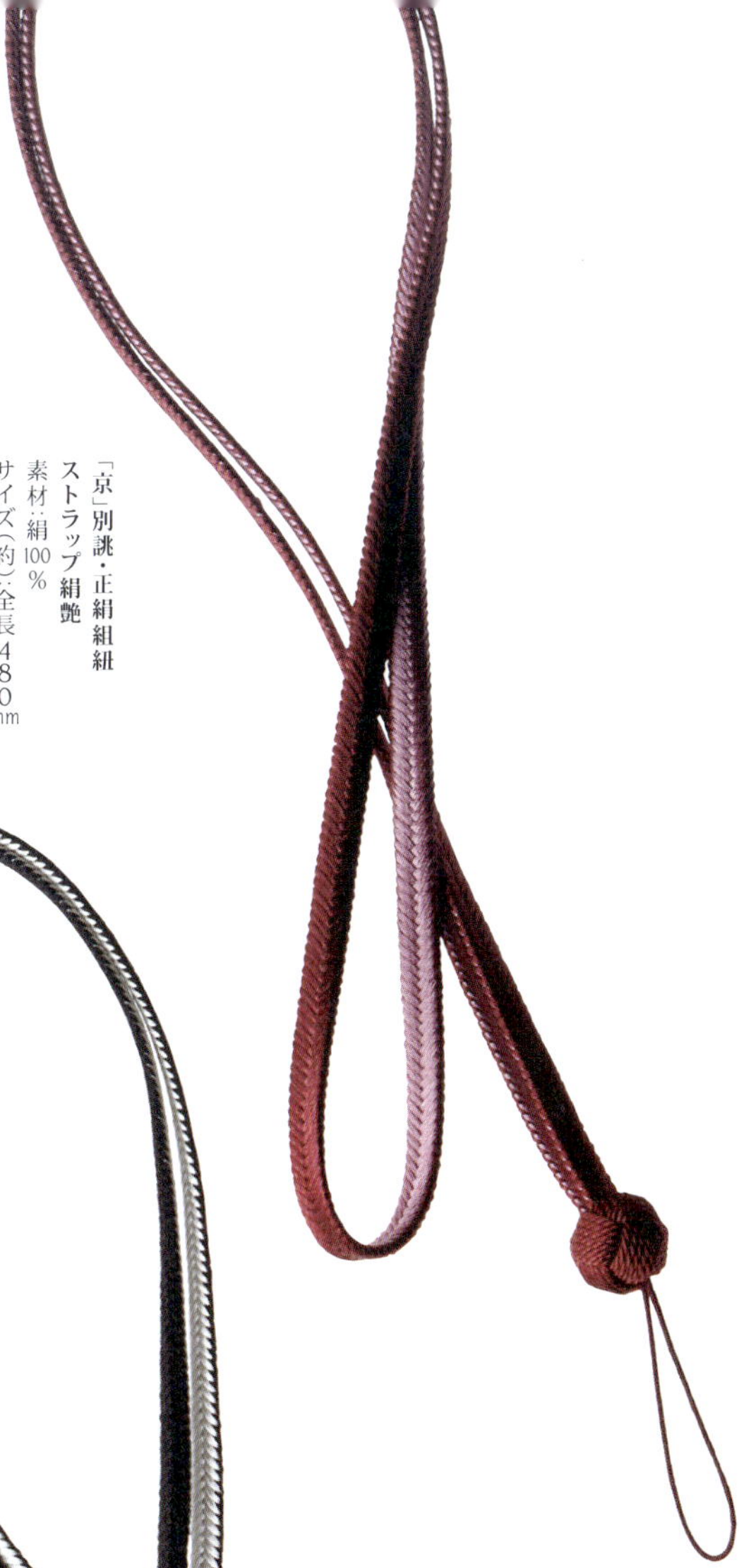

「京」別誂・正絹組紐
ストラップ絹艶
素材:絹100%
サイズ(約):全長480mm
各2100円
昇苑くみひも(しょうえんくみひも)
京都府宇治市宇治妙楽146
0774・23・5510
セレクトショップ「京」(きょう)
京都府京都市東山区三十三間堂廻り644番地2
075・541・3206

○二六

宮脇賣扇庵の「京」別誂・扇子

夏の暑い時期に、手軽に涼がとれる扇子は必需品。扇子の歴史は古く、うちわが中国から伝わったのに比べ、扇子は日本独自のものだそう。その扇子発祥の地が京都で、生産量も全国の九割以上を占めているとか。ふだん使いの扇子が欲しくて、いろいろ買ったり、生地を持ち込んでオリジナルの扇子をつくってもらったりしたが、どうも納得できるものがない。ただ、京扇子の老舗「宮脇賣扇庵」で売っている竜馬扇に、黒の柿渋塗りの扇面に扇骨も黒の扇子があって、かっこいい！と以前から夫や友人の男性にプレゼントしていた。でも、小柄なわたしにはサイズが大きい。だから、「宮脇賣扇庵」に、女性用サイズで柿渋塗りの和紙で扇面を朱と黒の二種類を別誂した。扇骨は焼き竹で、やさしい印象に仕上げてもらった。気分によって朱と黒を使い分けている。洋服の色やテイストを選ばないので、とても重宝な扇子だ。

「京」別誂・渋扇（朱地・黒地）
素材：竹、和紙（柿渋）
サイズ（約）：197mm
各4725円
宮脇賣扇庵
（みやわきばいせんあん）
京都府京都市中京区六角
通富小路東入ル大黒町80
番地3
075・221・0181
セレクトショップ「京」
（きょう）
京都府京都市東山区三十三
間堂廻り644番地2
075・541・3206

〇二七

土田善太郎さんの七宝焼のピンバッジ

七宝焼は、きらびやかな勲章や壷のイメージがあって、あまり好みではないと敬遠していた。ある日、銀座の「安藤七宝店」のショーウィンドウに、お雛様、ぼんぼり、扇などの小さなピンバッジが並んでいた。なんて、かわいいのかしらと窓越しにじっと見つめてしまった。なかでも、ぽっくりのピンバッジが気に入った。ぽっくりは、少女用のこまげたのことで、晴れ着のときにはく、舞妓さんがはいているあれである。さっそく店内に入り、買い求めた。いわゆる七宝焼らしくないが、さすがにちゃっちくもない。帯留め代わりに使ってみたら、なかなか好評だった。ほかにも着物を着て、黒のカシミヤのストールや、「啓子桂子」の麻の携帯手提げ袋（210頁参照）につけて、アクセントにしたり。ぽっくりが和のイメージだから、和装を着たときに上手に使いたいと思っている。いくつかの重ねづけもおもしろいかも。

七宝焼のタックブローチ
素材：七宝焼
サイズ（約）：縦15×横30㎜
各2415円
安藤七宝店
（あんどうしっぽうてん）
東京都中央区銀座5-6-2
03・3572・2261

〇二八

染司よしおかの麻の色ハンカチ

三十代後半から、基本的には、白いハンカチを持つことにしている。見た目にも、やはりハンカチは白がきれいだし、白いハンカチは大人の女性の証のよう。「バーニーズニューヨーク」や「和光」で、イニシャル刺繍付きの白いハンカチを買うことが多い。白ではないが、「染司よしおか」の色ハンカチは大好き。天然の植物染料で染め上げた約三十種類の色とりどりのハンカチのなかから、選ぶ楽しみもあって、京都のお店に立ち寄ると、ついおみやげにとたくさん買ってしまう。あの人にはこの色が似合うかしらと、思いめぐらすのも心が弾む。なかでも、わたしは朱色とグレーがお気に入り。朱色は魔よけの意味もあり、なんだか元気が出ないときに持って出かけるようにしている。麻のハンカチは吸水性もよく、使い込むうちに、どんどん麻の風合いや色もやわらかくなっていい感じになってくる。

麻ハンカチ
素材：麻
サイズ（約）：460×440mm
各1890円
染司よしおか
（そめつかさよしおか）
京都府京都市東山区新門前通大和大路（縄手通）東入ル
075・525・2580

○二九

鼻緒どめ

仕事柄もあって、呉服店や和装小物店にもよく足を運ぶ。そこで、売られていたのが鼻緒どめ。本来は、お茶席などで自分のぞうりがわからなくならないように、目印として鼻緒につけるもの。「へ〜、便利そう」と友人の分もふくめ、何個か買うことにした。とにかく、小さくてかわいいし、絹地で手刺繍なのにお値段も手頃だから、贈るのも、もらうのも、気軽でうれしい。生地の色は、はんなりとした淡い色が多いがエンジや紺などの濃い色まで、さまざま。刺繍の柄も豊富で、あれこれ、選ぶのが楽しい。わたしは金魚、わらび、鯛のモチーフがポップで気に入っているが、桜や藤、あじさいなどの花柄や、うさぎ、猫、フクロウなどの動物柄もある。でも、着物を着ない人にとっては鼻緒どめは不要なので、マーカーとしてトランクのハンドルにつけたり、ナフキンリングとして使ったりするのもおすすめ。

鼻緒どめ
素材:絹100%、マジックテープ
サイズ(約):長さ140×幅38mm
各1575円
セレクトショップ「京」(きょう)
京都府京都市東山区三十三間堂廻り644番地2
075・541・3206

○三○

福井洋傘の蛇の目洋傘

傘には苦い思い出がいっぱいある。高価でお気に入りの傘ほど、なぜか紛失してしまう。あの「フォックス」の傘も然り。だから、なくすことを考えると、透明のビニール傘でもいいのだが、雨の日をエンジョイするには、上質な傘を持つことも必要だから、そうもいかない。今は「シビラ」の黒の傘と赤の傘を色違いで持っているが、今ので二代目。本当によく傘をなくすのだ。この「福井洋傘」の蛇の目洋傘は、和服にも合う傘が欲しくて探していたときに、デパートの企画展で出会ったもの。持ち手が漆塗りで、艶やかな朱色の生地を貼った蛇の目はとても美しく、目をみはった。高価だが、一生ものだと思って購入。風を受け止める力強さ、生地に当たる雨音の心地よさに、この傘をさすたび、道行く人に「見て見て」と自慢したくなる傘だったが、心ない人が持っていったようで今は手元になく寂しい。

蛇の目洋傘
素材：ポリエステル
サイズ（約）：長さ580㎜
（持ち手を除く）、24本骨
2万9400円
福井洋傘
（ふくいようがさ）
福井県福井市浜別所町4-4-2
0776・85・1114

○三二　山口信博さんのステッキ

ステッキは英語のＳｔｉｃｋの発音が訛ったもので、明治時代に輸入された洋杖のこと。わたしにとってステッキといえば、映画の中でチャップリンがついていたり、英国紳士の持ち物のイメージが強い。ステッキは、年配の方が使うように思われがちだが、早いうちからの使用はひざや腰をいたわり、生涯自分の足で歩くための近道だそう。それに〝転ばぬ先の杖〟は前もって用意をしておくこと。だから、いつかは欲しいと思っているステッキを紹介したい。グラフィックデザイナーの山口信博さんがデザインしたこのステッキは、木の質感と美しいフォルムが特徴。スイス出身のタイポグラファー、アドリアン・フルティガーがつくった書体「ユニヴァースのｍ」を柄にデザインしたとか。このｍの形状のハンドルが握りやすく、とてもしっくり手になじむ。外出や散歩が楽しくなるようなステッキに脱帽だ。

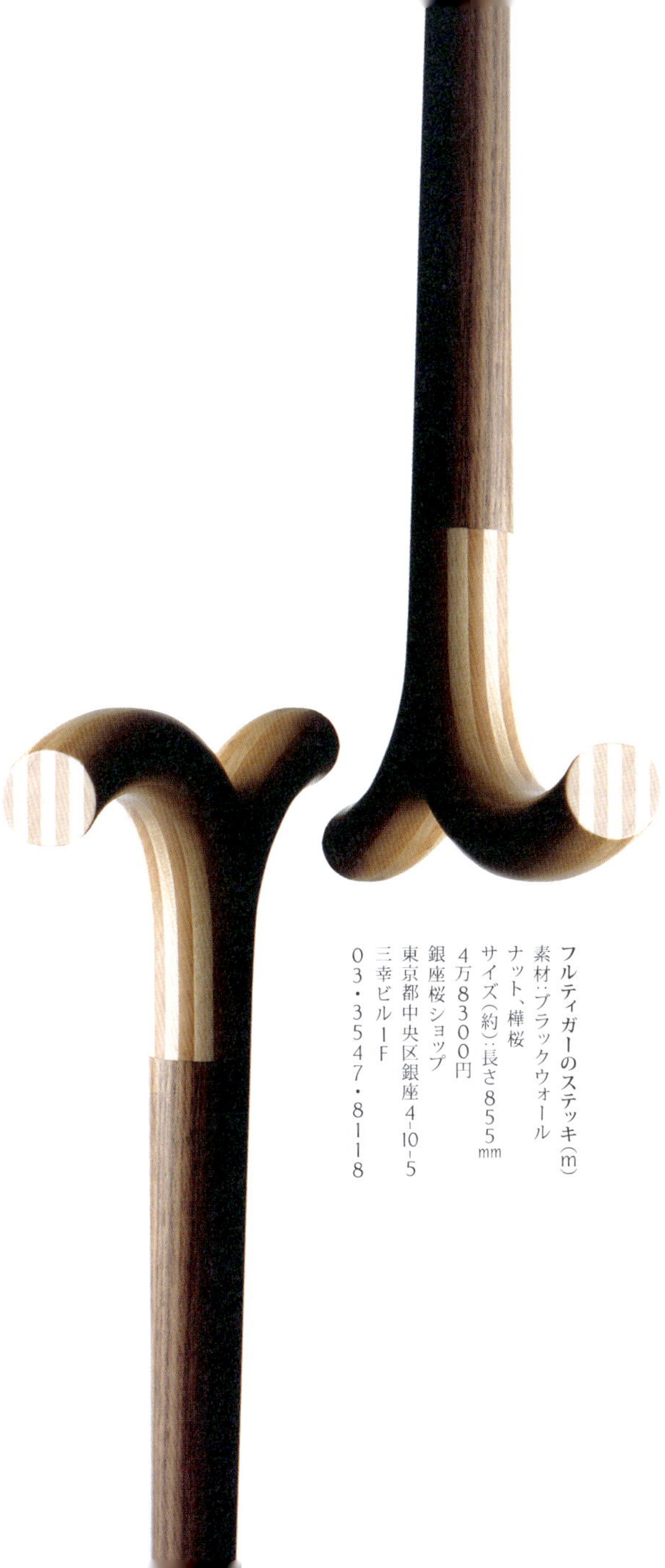

フルティガーのステッキ（m）
素材：ブラックウォールナット、樺桜
サイズ（約）：長さ855mm
4万8300円
銀座桜ショップ
東京都中央区銀座4-10-5
三幸ビル1F
03・3547・8118

○三二

福光屋の一升瓶入れ帆布鞄

いわゆるトートバッグだが、金沢の純米蔵「福光屋」のオリジナル。一六二五年創業の老舗がつくる日本酒は、どれも伝統の技と本物の味を今に伝えている。わたしが好きな銘柄は「加賀鳶・藍」。純米吟醸でキレがよく、グイグイ盃が進むのに二日酔いがない。銀座にショップがあり、日本酒だけでなく、赤酢や黒みりんなどの調味料、酒器や酒肴などがセンスよく並んでいる。さて、このトートバッグは、一升瓶をそのまま入れることだけを主眼においているため、実にシンプル。浅くて横長なので、ごちゃっとものを入れても、一目瞭然でものが探せるのがうれしい。もちろん一升瓶だけでなく、ビールの瓶やワインのボトル、ペットボトルもすっぽり入る。大根やねぎなどの長い野菜も入るから、日々のお買い物にも便利なふだん使い。何度か洗濯して、布がくたっとなった状態もそれはそれでいい感じだ。

オリジナルトートバッグ
素材：綿100％
サイズ（約）：高さ160×横370×マチ175mm
1890円
SAKE SHOP福光屋銀座店
（さけしょっぷ ふくみつやぎんざてん）
東京都中央区銀座5-5-8-1F
03・3569・2291

第四章

文具・日用品

最近では、日本の素晴らしい伝統工芸の技術を守りながらも、時代のニーズに合った〝デザイン和もの〟な文具や日用品が生まれている。日常生活を豊かにしてくれるのが、身近にある文具や日用品。美しく、見て、触れて、使い続けるほどに愛着が増していくものを選びたい。なかでも、わたしは箱ものに弱い。箱を見ると、「これには何をしまおうかしら」とつい買ってしまう。箱のいいところは、その姿。何が入っていても、蓋をしてぽんと置いてしまえばサマになる。それに、蓋を開けるときのワクワク感がたまらないのも、惹かれる理由かもしれない。

○三三　「京」の和綴じ帖

長唄や端唄などの謡い教本などの製本の形式を、和綴じ本と称している。この日本の伝統的な製本方法は、機械的に行えず、ほとんどの工程が人の手によるもの。そのうえ、この和綴じ帖は、手漉き和紙の色楮を表紙に、中紙は金閣殿という純粋和紙だから、どこか温かい感じがするのだろう。日本ならではの和綴じの方法には、「四つ目綴じ」「やまと綴じ」などがあるが、これはもっとも美しい綴じとされている、手の込んだ「麻の葉綴じ」。そして、表紙も中紙も和綴じの基本である二つ折り（袋綴じ）にこだわっている。三冊一組のコンパクトな寸法の和綴じ帖なので、使い方は自由。旅日記や俳句帳にするという友人もいるが、メモ魔のわたしは、備忘手帳として使っている。打ち合わせのときに、この和綴じ帖を取り出すと、みなさん、じ～っと見つめる。和綴じ帖は、あまり見かけないらしく、とても珍しいからだそう。

和綴じ帖
素材：和紙
サイズ（約）：縦140×横80mm
箱帙《ちつ》入り
5197円
セレクトショップ「京」（きょう）
京都府京都市東山区三十三間堂廻り644番地2
075・541・3206

〇三四

野村レイ子さんのろうけつ草木染めの小箱

表参道の「スパイラル」の二階で、木にろうけつ草木染めをする作家の野村レイ子さんの個展があった。大好きな箱ものが大小二百点ほど並んでいる。中央には、市松、桜、松、千鳥などのいろいろな柄の小さな箱がずらり。そのなかで、すっと手が伸びたのが、この紅白梅の柄の小箱。楊枝箱らしいが、わたしは切手を入れたいなと閃いた。なんとも愛らしい紅白の梅のモチーフは野村さんの人柄にも似て、ほのぼのとした印象。楠の木肌の色、黒、赤の配色のバランスもすっきりとして、わたしは好き。どんな方がどんなふうにつくってらっしゃるのか知りたくて、野村さんの自宅兼工房を訪ねた。ろうけつ染めの手法を楠の箱に施しているので、想像していた以上に相当に手間がかかる作業の繰り返し。大きな箱でも小さな箱でも工程は変わらないため、「好きだからつくるんです」という野村さんの言葉に深く納得した。

木のろうけつ草木染めの箱
（紅白梅）
素材：楠
サイズ（約）：縦90×横57×
高さ20㎜
3150円
Spiral Market
（スパイラル マーケット）
東京都港区南青山5-6-23
03・3498・5792
＊企画展示の際のみ販売
はるり銀花
（はるりぎんか）
埼玉県川越市幸町3-3
049・224・8689

○三五

藤沢康さんの削り出しの筆箱

なんといっても、蓋の削り出しの反りが色っぽくて好き。思わず、いいな～と撫で撫でしたくなる。四方反りかんなで表面に削り跡を残し、手加工の風合いを出しているが、ちっとも民芸調でなく、シンプルでシャープな印象。藤沢さんは家具製作がメインな木工作家。この筆箱もウォールナット材で、小さな家具のようにきちんとつくってある。だからかな、和洋室のどこにぽんと置いてあっても嫌味がなく、インテリアのテイストを選ばない、実にすっきりと見える木の箱だ。わたしは、一番お気に入りの「モンテグラッパ」のボールペンをしまっている。透明感のある白いセルロイドのボディとシルバーのコンビネーションにうっとりする筆記具だ。この白のペンに筆箱のウォールナットの風合いが映えて、蓋を開けるたびににんまり。筆箱と名称がついているが、時計、指輪、ピアスなど、身につけているものを入れる箱にしてもいい。

削り出しの筆箱
素材：ウォールナット
サイズ（約）：幅210×奥行き60×高さ35mm
5775円
工房 フジサワ
（こうぼう ふじさわ）
岩手県花巻市北湯口第17地割48-11
0198・27・5040

〇三六

南部鐵の小箱

鉄のずしりと重いその質感や、錆びていく味わいが好き。鉄は、男っぽい、かっこいい素材だと思う。鉄製の生活用具としては、鉄瓶、鉄のフライパン、すきやき用の鉄鍋、鍋敷きなどを使っているが、鉄の小箱なんて、へ〜、珍しいなと思った。もともと、箱ものにはすぐ反応するタチだが、この鐵箱は、ぱっと見、鉄の重量感を感じさせず、すっきりとしたデザインにまいってしまった。決して派手ではないけれど、存在感と重厚感がある。デザインは、「Simplicity Super Studio」。東京・目黒川沿いにひっそりとたたずむ和菓子屋「HIGASHIYA」などを営んでいて、ここのスタイリッシュなパッケージは秀逸。鐵箱の製作は、岩手県盛岡市で寛永二年から続く、南部鐵の老舗「鈴木盛久工房」。鉄ならではのずしりと重い箱だから、玄関に置いて車のキーなどの小物入れに使ってみるのもいいかもしれない。

南部鐵 小箱
（右／格子、左／肌目）
素材：南部鐵
サイズ（約）：縦110×横63×高さ30mm
各7875円
Simplicity Super Studio
（シンプリシティ スーパー スタジオ）
東京都目黒区東山1-21-25
03・5720・1310

〇三七

小林良一さんのこよりの葉書箱

こよりは、細長く切った紙を撚った糸のことで、現代の生活で思い浮かぶのは、水引や線香花火など。これは、そんなこよりでできた小箱。古くから伝わるこよりの技法を現代の日用品に蘇らせたのが、プロダクトデザイナーの小林良一さん。温和な雰囲気のお洒落なおじさま。この「コレクション・コヨリ」シリーズの箱や皿は、誕生してすでに二十年以上たっているというが、シックでモダンだ。六本木の「リビング・モティーフ」に、いくつか置かれているが、とても今っぽい〝デザイン和もの〟だと思う。撚ったこよりの束からなる細い線の連続模様はとてもシンプルで、艶やかな漆黒の美しい色と風合いが、知性的な紙の箱。表面に漆をかけることで、耐水性も耐久性もアップしているそう。そのうえ、紙製だから、とっても軽い。何を入れてもいいのだが、わたしは、葉書やポストカードをしまう葉書箱として愛用中。

こより小箱
素材：紙、漆
サイズ（約）：縦185×横145×高さ75㎜
1万500円
studio GALA
（スタジオ ガラ）
東京都練馬区桜台5-11-5
03・3992・0737

〇三八

唐長の双葉葵色づくし

京唐紙の版元「唐長」の創業は、江戸時代の寛永年間。幾多の災害をくぐりぬけ、残っている一番古い版木が一七九二年のものとか。約六百五十枚もの版木を使用し、手摺りの技法で今なお京唐紙を守り継ぐ、日本で唯一の店。唐紙は、文様が彫られた版木に雲母や顔料をつけ、文様を和紙に写し取るもの。本阿弥光悦や俵屋宗達の影響を受けた文様は、長い年月を経た現在も新鮮で洗練の極み。桂離宮や寺院、茶室などの襖紙にも使われている。「唐長」の唐紙に憧れ、自宅の襖に「唐長」の唐紙を貼っていたが、三年前に引っ越して今は和室がない。「唐長」のエッセンスを手軽に味わうならば、京都賀茂神社の神紋である双葉葵の色づくしだ。深みのある濃い色のセットとやさしい淡い色のセットがあり、木箱に入っている。濃い色バージョンは、若竹色、珊瑚色、深緋などの十色、全百五十枚。メッセージカードに使っている。

双葉葵色づくし

素材：唐紙

サイズ（約）：縦150×横115mm

10色x15枚（全150枚）、木箱入り

4500円

唐長 四条烏丸

（からちょう しじょうからすま）

京都府京都市下京区烏丸通四条下ル水銀屋町620

COCON烏丸1F

075・353・5885

＊写真は濃い色のセット。

〇三九

永田哲也さんの菓子型ぽち袋

昔は、だんな衆が、ひいきの芸者さんに心づけを渡すときなどに使われていたというぽち袋。ぽち袋の"ぽち"とは、ほんの少しという意味で、これっぽっちという言葉に由来しているとか。さりげなく心を伝えられるから、何枚かはお財布にいつも忍ばせている。うさぎや玉手箱、鯛などユニークな形のぽち袋なら「嵩山堂はし本」。ぽち袋に名前を印刷してもらえる「ぴょんぴょん堂」。江戸千代紙で有名な「いせ辰」のぽち袋などが気に入っている。でも、とっておきは、現代美術作家の永田哲也さんの菓子型ぽち袋。一枚八〇〇円ぐらいとちょっと高いけれど、これは小さなアート。ぽち袋に貼っている小槌や米俵などのモチーフは和菓子の木型で、国の無形文化財に指定される和紙「西の内和紙」に、立体的なその意匠を写し取ったもの。昔ながらの菓子型を、手漉きの和紙でアレンジした粋なぽち袋だ。

KIOKUGAMI
和菓紙三昧
素材:西の内和紙
サイズ(約):縦100×横50mm
各735円~
永田哲也
(ながたてつや)
千葉県佐倉市臼井田761-8
FAX043・463・4275
SAKE SHOP福光屋
銀座店
(さけしょっぷ ふくみつやぎんざてん)
東京都中央区銀座5-5-8-1F
03・3569・2291

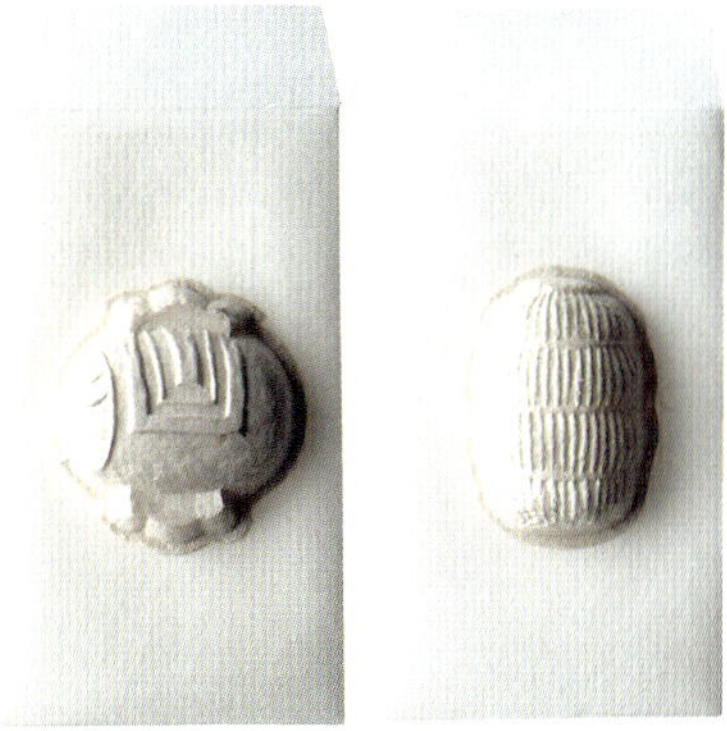

○四○

榛原の便箋・封筒

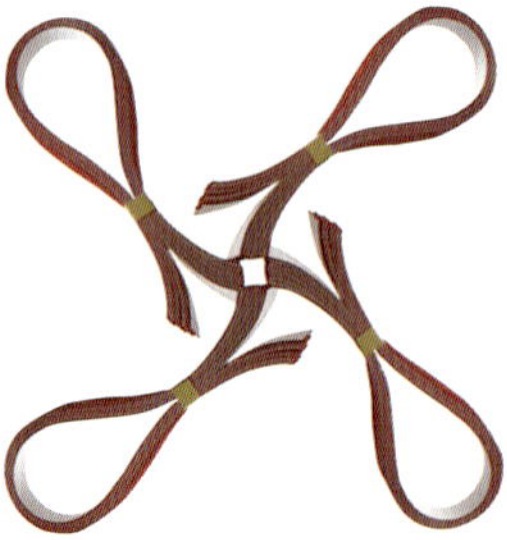

言葉にはできない気持ちを文字にする。電話やメールではなく、手書きの手紙だからこそ、伝わる想いもある。縦書きにも横書きにも対応できるし、字の大きさも自由に書けるので、わたしは無地に細い色ぶちのシンプルな便箋が好き。外国製品だと、「伊東屋」で名入れした「クレイン」の白地に紺ぶち、オフホワイトに金ぶちの便箋・封筒、「ティファニー」の水色に紺ぶちのレターセットを使っている。和の便箋といえば、和紙に罫引きが主流。でも、"デザイン和もの"な便箋・封筒となると、「榛原」の紅渕を推したい。手作業で赤くふちを染めてあり、紙は奉書のどうさ引きでにじみにくく、とても書きやすい。細身の横長封筒も女性らしく、紅白の配色からもさりげなく和のニュアンスが感じられるこの便箋と封筒は、十年以上愛用しているお気に入り。私は紅の色帯にひと言メッセージを書いて同封する。

紅渕レターセット
内容:便箋10枚、封筒5枚
素材:奉書(どうさ引き)
サイズ(約):便箋/縦245×横185mm、封筒/縦90×横195mm
1260円
榛原
(はいばら)
東京都中央区日本橋2-7-6
03・3272・3801
*色帯(紅)はレターセットには含まれません。別売りで20本250円。

○四一

Y印店のつげのハンコ

日本はまだまだハンコ社会。いろいろな場面でハンコが必要になってくる。結婚して裏地に姓が変わったものの、夫のハンコをちょっと借りては対応していたので、ちゃんとした自分用のハンコや実印が欲しいと思っていた。けれど、なかなかつくる機会がなかった。八年くらい前のことになるが、ほんの一か月の間に、立て続けに三人の友人から、「開運ハンコと言われている、三宿のY印店でハンコをつくったんだけど、なんかいい感じなの。見て見て」と言われ、ハンコを見ると、笑っているような、踊っているような、ユニークな書体。たしかに、ハッピーな印相だと素人目にもわかる。これいい！と、さっそくつくりに行った。それが、このつげのハンコ。認印、銀行印、実印の三本セットで、お守り袋のような袋に入って、当時二万三〇〇〇円だったような。裏地の文字がなんとも楽しそうで、ね、いいことありそうでしょ。

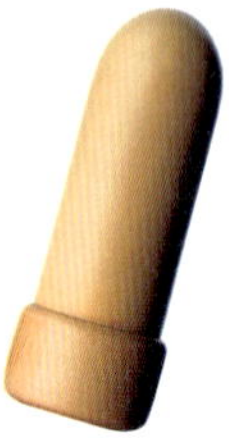

つげのハンコ

素材：つげ

サイズ（約）：直径16×長さ49mm

*お店の希望により、店名・住所・電話番号は掲載できません

〇四二

別府つげ工芸のつげのブラシ

つげは、緻密な木肌をもち、固くてねばり強く、使い込むほどに艶が出る。だから、夫婦円満、家内安全など、縁起のいい木として、櫛やハンコ、細工物の素材として、昔から親しまれているそう。二年前、デパートの企画展で見つけて買っちゃったのが、このつげのブラシ。つげの櫛はよくあるけど、ブラシはなかなかないでしょ。使うと痛そうに見えますが、そんなことはなくて、頭皮に適度な刺激があり、とても気持ちいいの。静電気が起きないから、髪の毛がからみにくく、枝毛、切れ毛になりにくいのも、つげのうれしい効用。それに、椿油を染み込ませて仕上げてあるので、気になるブラシの歯の汚れが、椿油と綿棒で簡単に落ちる。だから、二年使った今もブラシの歯がとってもきれい。つげのブラシはちょっと高価だけど、一生もの。携帯用の折りたたみのつげのブラシも、店の自信作だ。

つげヘアブラシ
ブロー用(大)、
携帯用折りたたみ

素材:本体/つげ
サイズ(約):ブロー用/
幅40×長さ195×高さ37mm、
折りたたみ/幅22×
長さ100×高さ25mm
ブロー用/2万1000円
折りたたみ/8400円
別府つげ工芸
(べっぷつげこうげい)
大分県別府市松原町10-2
0977・23・3841

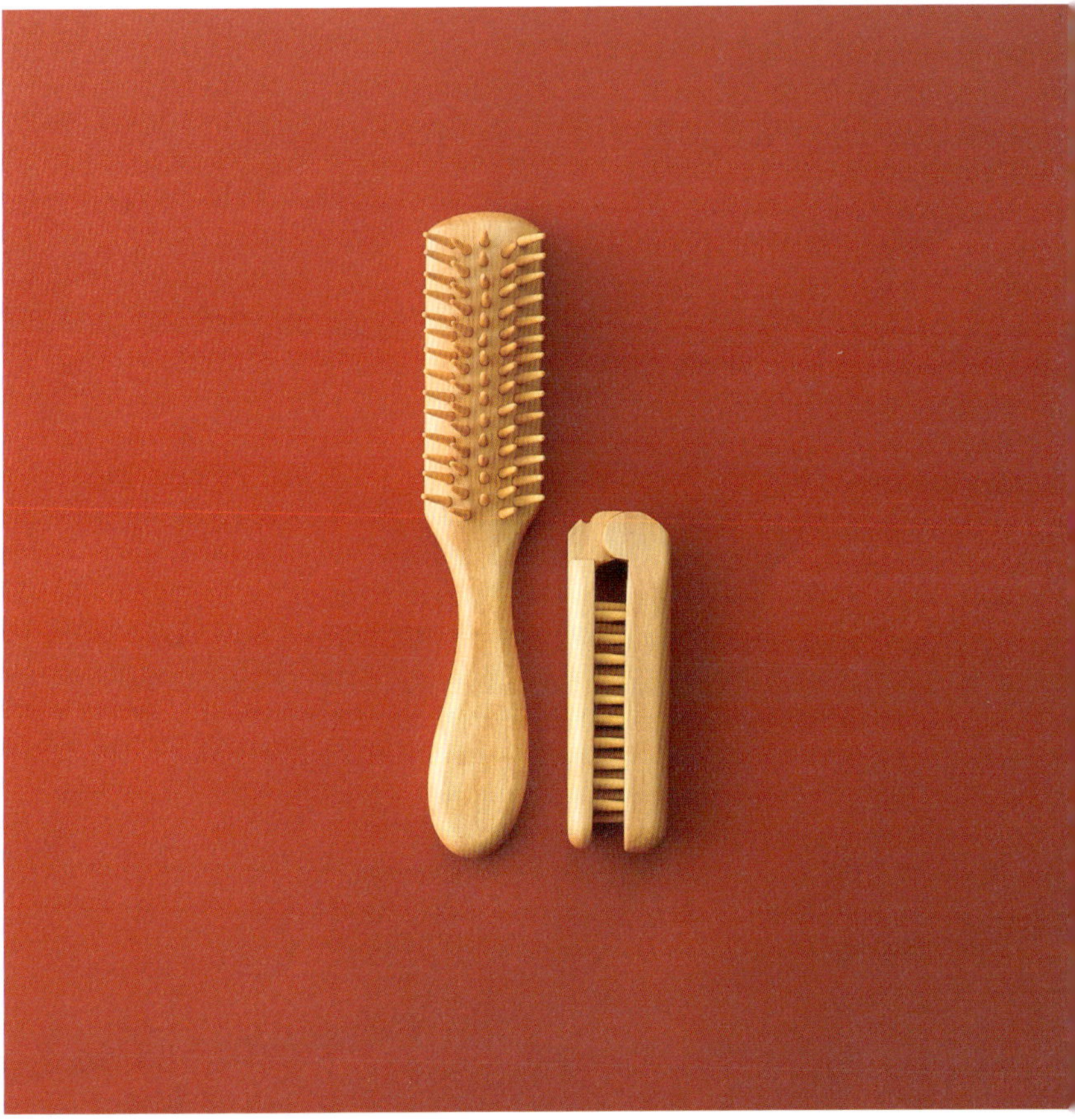

〇四三

ギャルリ百草のちり紙木箱

日常生活のなかで、当たり前のように、なくては困るのがティッシュ。でも、ティッシュケースのいいものがない。木、アルミ、アクリルなど、いろいろなタイプを試してみたが、どれも一長一短。だったら、ティッシュそのままのほうが、まだいいかもと、白い箱の「スコッティ」のカシミヤティッシュにしていた。そんなとき、雑誌で見つけたのがこれ。木のティッシュボックスは概して、ちょっと武骨で民芸調のものが多いが、これは木の厚みが薄くて、繊細でクリーンな印象が〝わたし好み〟。シンプルで単純なデザインだが、蓋がティッシュの重し代わりになってどんどん下がっていくので、ティッシュが少なくなっても、すっと取れる機能もいい。それに、アクリルなどと違い、静電気が起きにくく、細かな紙埃があまり気にならない。うれしくなって、小ぶりなポケットティッシュサイズのケースも、お願いしてつくってもらった。

ティッシュボックス（大）、
ポケットティッシュボックス（小）
素材：アテ
サイズ（約）：大／幅260×奥行き130×高さ80㎜、小／幅125×奥行き85×高さ50㎜
大／8400円
小／5250円
ギャラリ百草
（ぎゃるりももぐさ）
岐阜県多治見市東栄町2-8-16
0572・21・3368

〇四四

BINGATAYAの入れ子の桐箱

桐箱は通気性もよく、日本の風土に合った素材の箱。また、燃えにくく、防虫、防カビの効果もあるとされ、着物など大事なものをしまうのも桐箪笥や桐箱だ。この桐箱は、キューブの形がまずいい。そのうえ、三つが入れ子になっていて、なんだか楽しい。表面の和紙は、和っぽくないストライプ柄で、こげ茶、水色、ピンクの色違い。この三色の色合いもなんともキュート。和紙を一面ずつ職人の手で貼り合わせているから、蓋と身の柄がぴったり合っているのはさすが。重ねて置けば、インテリアのアクセントにもなるし、ひとつずつ使ってもいい。和紙と桐の素材で、日本の伝統を感じる懐かしさもありつつ、柄と配色はモダン感覚。洋室にもマッチする実用的な桐箱だと自負している。あとあと使える桐箱なので、食器などを入れて、ギフトボックスとして差し上げたら、とっても評判がよかった。

BINGATAYA
三ツ入れ子
素材：桐、和紙
サイズ（約）：小／1辺140mm、中／1辺170mm、大／1辺200mm
8872円
Art paper café
BINGATAYA
（アートペーパーカフェ　ビンガタヤ）
東京都港区南青山1-1-1
新青山ビル西館2F
03・3408・0867

〇四五

興石の竹の靴べら

靴べらは、一家に一本はあるもの。ホテルや旅館にお泊まりするのが大好きなわたしは、備品チェック魔である。「パーク ハイアット 東京」にオープン当初、泊まったとき、スタイリッシュな革製の靴べらと洋服ブラシのセットに感激。すぐに購入したので、長年、我が家の玄関にある。たしかに、かっこいい。でも、夫は木の靴べらがいいという。そこで、「松屋銀座」で売っている、「オノオレカンバ」の柄の長い靴べらも愛用。柄が長いと、腰をかがめなくていいので、足入れがラク。でも、これも、いわゆる日本家屋の玄関には違和感がある。そこで、〝デザイン和もの〟な靴べらとしては、クラシックとモダンが調和した「興石」の竹の靴べらに決定。「興石」は、数寄屋建築の中村外二工務店が母体で、京指物の技には定評がある。そこが、和を感じさせる竹でつくった美しい逸品だ。あえて、革製の紐をつけているのもお洒落。

白竹靴べら、スス竹靴べら
素材：白竹、スス竹（染め）
サイズ（約）：長さ620×幅40×厚さ（節部分）10mm
白竹／9000円
スス竹／1万2000円

興石（こうせき）
京都府京都市北区紫野西御所田町15
075・451・8012

〇四六

齋藤義幸さんの革のスリッパ

スリッパといえば、洋もののイメージだが、靴を玄関で脱いで室内に入るスタイルの日本の住宅事情ならでは必需品。でも、長年、お客様用のスリッパのいいものがなくて、困っていた。わたしが理想とするのは、黒の革のスリッパで中敷きも全部が黒のタイプ。中敷きが黒でないと、シミや汚れが目立つし、さっと拭けない布製も衛生的でなくて、なんだかイヤ。このスリッパに出会うまでは、合皮の「YOSHIE INABA」の黒のスリッパを使っていた。これはこれで、来客にも人気があって、新築祝いや引っ越し祝いによくリクエストされた。そして、半年前、ようやく理想のスリッパに巡り会えた。「こいずみ道具店」(128・190頁参照)で、どうぞと出された革のスリッパだ。軽いし、通気性もいいし、ラフだけど、革の高級感もあって、インテリアのテイストを選ばない。これよ、これ、わたしが求めていたスリッパは!

スリッパ
素材：牛革（オーバーキップ）
サイズ（約）：S／長さ250×幅95×高さ58㎜、M／長さ265×幅100×高さ65㎜
8925円
こいずみ道具店
（こいずみどうぐてん）
東京都国立市富士見台2-2-5-104
042・574・1464

○四七

栗川商店の渋うちわ

うちわは、夏の風物詩のひとつである。浴衣を着て、うちわを持って、花火大会に行く、というのが、わたしがイメージする、うちわの正しい使い方だ。巷で売られている数あるうちわのなかで、ベストワンは、この来民《くたみ》の渋うちわ。小ぶりで柄が長めなフォルムが、シンプルでモダン。ずっとある伝統工芸品なのに、新しさを感じさせるうちわだ。「渋うちわ」は、職人さんが手づくりで、うちわの和紙の部分に柿の渋を塗っているから、竹と和紙と柿渋の天然素材の味わいそのままに、シックな色合いや風合いが魅力に。防虫効果があり、破れにくく、長く使うほどにいい色艶が出る。来民うちわは、慶長五年、四国丸亀の旅僧が一宿の謝礼としてうちわの製法を伝授したのが始まりだといわれ、その歴史と伝統が今も受け継がれている。そして、熊本の来民は、京都や丸亀と並び、うちわの日本三大産地のひとつだそう。

渋うちわ

素材：和紙（柿渋塗り）、竹
サイズ（約）：面部分／縦210×横205、長さ（柄も含む）385㎜
1575円

栗川商店
（くりかわしょうてん）
熊本県山鹿市鹿本町来民1648
0968・46・2051

〇四八

吉谷桂子さんの花殻摘み鋏

お花はプレゼントするのも、されるのも大好き。花を見ていると、気持ちが安らぐので、なるべくリビングには生花を欠かさないようにしている。いちおう草月流の師範だが、部屋に飾るのはいわゆる生け花ではなく、ガラスの花器に白い花とグリーンが基本だ。花を生けることで、心のゆとりが生まれ、日常の暮らしや見慣れた部屋も、ほんの少し潤うように感じる。ふだんのコンテナガーデンの世話や切り花には、この「花殻摘み鋏」が大活躍。英国園芸研究家の吉谷桂子さんのデザインしたもの。一本、一本、職人さんが仕上げているこの鋏は、細身で握りやすく、鋏の先端が細いから、とても使いやすい。吉谷さんとは、以前、雑誌の連載で、二年近くお仕事をごいっしょしたが、とってもチャーミングでセンスのいい大人の女性。生活をお洒落に楽しむ術を、自ら実践なさっているライフスタイルは、わたしの憧れだ。

花殻摘み鋏（YK-50）
素材：特殊刃物鋼
サイズ（約）：全長185㎜、
刃渡り55㎜
1万1550円
キンボシ（きんぼし）
兵庫県小野市本町10番地
0794・62・2391

○四九

モーネのまち針の寝床

松本のクラフトフェアで出会ったこの針山。楕円の陶器の鉢に、フェルトの針山が、盆栽チックでなんともかわいいの。思わず、同行していた友人と声を揃えて、「これ、ください」。この針山は、グラフィック工芸家の井上由季子さんとご主人の共同作品。陶器の形がご主人で、絵付けやフェルトが由季子さんだそう。由季子さんは、「グラフィックデザイン工房モーネ」を主宰している、ナチュラルな雰囲気の女性だ。手を動かすことで生まれる、少しずつニュアンスの違うデザイン。「モーネ」は一点もののアートでも大量生産でもない、その中間にあるような物づくりを目指しているとか。たしかに、鉢も釉薬の具合で微妙に違うし、刺さっているまち針の頭もグラスビーズで手づくりと、ひとつずつ全部が違うという凝りよう。なんだか、チクチクとお針仕事がしたくなる針山で、まち針の寝床というネーミングもユニークだ。

まち針の寝床
素材：磁器、フェルト
（ウール100％）
サイズ（約）：横90×奥行き
35×高さ35㎜
3465円
グラフィックデザイン工房
モーネ
（ぐらふぃっくでざいんこうぼうもーね）
075・821・3477

○五○

尾張屋のかおり丸

「これ、何？　でも、かわいい！」と、みな驚くのが、ポップな色でコロンとした匂い玉。そんな声が聞きたくて、最近の京都みやげはこれ。この匂い玉は「尾張屋」のかおり丸。店内の大きなガラス瓶に、ピンク、黄緑、白、黄色、紫、スカイブルーなど、色とりどりの組み合わせのかおり丸が入っていて、自分の好きな色の組み合わせを選んで買える。ひとつ一八九円也。ピンポン玉よりひとまわり小さいサイズの外側の材質は、なんと最中の皮と同じ。でも、食用ではないそう。その中に、白檀や丁子など、何種類もの漢方薬をブレンドしたものが入っている。ちょっとスパイシーな香りが我が家の愛猫チョビにも大うけで、ころころ、ころがしながら、すっかり遊び玩具になっている。ガラスのスクエアな花器にかおり丸をたくさん入れて飾ってみたら、オブジェのようでいて愛らしい芳香剤に。なかなか好評だ。

かおり丸
素材：もち花、香料
サイズ（約）：直径30mm
1個189円
尾張屋（おわりや）
京都府京都市東山区新門前
通縄手東入西之町201
075・561・5027

○五一　大澤鼈甲のべっこうのミニルーペ
○五二　大澤鼈甲のべっこうの耳かき

年配の方におすすめなのが、携帯に便利なべっこうのミニルーペ。熟練の勘と経験を頼りに全工程を手作業でつくっているそう。品のいい色だから、男女兼用。「和樂」のクラスアップ通販で、革紐を長めの組紐に変えたペンダント仕様を紹介したら、アクセサリー感覚で使えると女性に大好評だった。耳かき、大好きなんですよ、だって、気持ちいいもの。耳かき派と綿棒派に分かれるらしいが、わたしは両方派。竹、漆、金属といろいろ使っているけれど、雑誌で紹介されていた「大澤鼈甲」のべっこうの耳かきには興味津々だった。絶妙なしなりで至福の耳かきと、記事にあったので、“いつかは欲しいものリスト”に入れていたが、ある日、友人がプレゼントしてくれた。期待に胸をふくらませ、そ～っと使ってみたら、触りが冷たすぎず、ソフトでとてもいい。桐箱入りだから、贈り物や引き出物にも人気の品だそう。

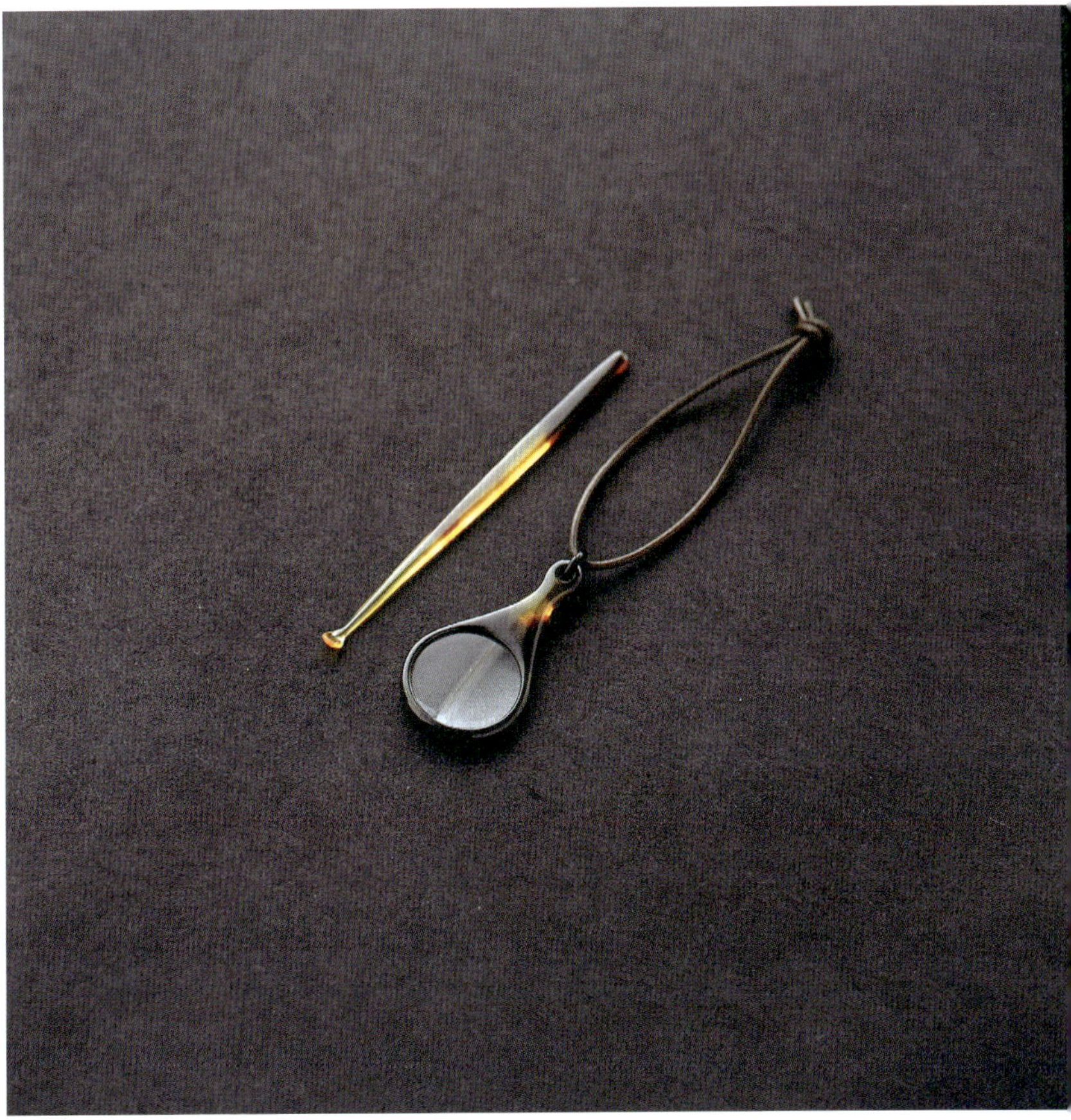

べっこうの携帯用ルーペ
素材：本体／べっこう、レンズ部分／ガラス、紐／革
サイズ（約）：縦50×横27×厚さ50㎜
（レンズ部分／直径22㎜）
9450円
べっこうの耳かき
素材：べっこう
サイズ（約）：長さ100㎜
5250円
大澤鼈甲
（おおさわべっこう）
東京都文京区千駄木3-37-15
03・3823・0038

第五章

卓上まわり

お箸やふきん、しゃもじなど、毎日、使うものこそ、本当に満足できるものを選びたい。卓上まわりにちなんだ〝デザイン和もの〟は、クリーンで用の美を備えていることが一番の決め手。そのうえで、食卓にぬくもりを添えるものだと、なおよし。ただし、本書では、いわゆる陶磁器の食器の類は外しています。好きだな、いいなと思うものがいっぱいありすぎてとても紹介しきれないから。おもてなし好きがこうじて、多くの器を買い揃えた時期があった。それも六客単位で。引っ越しを機に、三分の一程度に厳選したが、それでも、「たくさんお持ちね～」とよく言われます。

○五三

黒川雅之さんの長手盆

黒川雅之さんは、建築家でプロダクトデザイナー。いつもエネルギッシュな人生の大先輩です。MoMAのパーマネントコレクションに選ばれているゴムの灰皿など、黒川さんのデザインは、シンプルでモダンなものが多い。ある日、「そういえば、かっこよくて細長い長手盆がないのよね〜」と話した。いわゆる長手盆は、あまりにも和風で、我が家のル・コルビジュのガラスの天板のダイニングテーブルには合わないからだ。そうしたら、「きみの意見をヒントに長手盆をつくってみたよ」と、電話があった。約七五センチの細長〜い、この黒の長手盆は、どんな色の器や料理にも映えるし、テーブルのセンターに置いて、シャンパングラスをずらっと並べたり、和菓子を一直線に盛りつけたりと、おもてなしのプレゼンテーションにもぴったり。ディスプレイ感覚でも使え、スタッキングもできて、イメージ通り。いい、いい。すごくいい。

長手盆
素材：木製、漆塗り
サイズ（約）：縦130×横750×高さ18mm
1万9950円
ケイインク
（けいいんく）
東京都港区西麻布3-13-15
03・3746・3605

〇五四

桐本泰一さんの卓上類別盆

わたしはA型気質なのか、ものを分類して整理するのが好き。だからかな、収納グッズとして、箱ものも好きだがトレイの類もけっこう好き。このトレイは、卓上で雑多になりがちな郵便物、ペンなどの文具、仕事の書類などのとりあえずの整理に使っている。ささっと四つのトレイに類別して、スタッキングすれば、場所もとらず便利だ。そのうえ、このトレイは、大きさが違っても幅はすべて同じだから、とてもシステマチックにきっちりと積み重ねができるお利口さん。なんの塗装もしていない、素顔の木の肌目がとてもきれいなトレイだから、入れるものを選ばないというか、何を入れてもサマになる。お茶セットをまとめて納めている友人もいるし、カトラリーをまとめて入れている友人も。わたしも、トレイのひとつには、帯締めを並べてしまっているが、一目瞭然なので、使いやすいし、さっと取り出せるのもいい。

あすなろのトレイ
（大、中、小）
素材：枠／ひのきあすなろ・朴、底板／桐
サイズ（約）：大／縦２３９×横３２５×高さ39㎜、中／縦２３９×横１６２×高さ39㎜、小／縦２３９×横80×高さ39㎜
大／５２５０円
中／４２００円
小／３６７５円
輪島キリモト・桐本木工所
（わじまきりもと・きりもともっこうしょ）
石川県輪島市杉平町成坪32
０７６８・２２・０８４２

○五五

赤木明登さんの折敷

もう五年くらい、我が家の食卓の定番が、この漆の折敷。最初の出会いは、自由が丘の「WASALABY」。黒のマットな艶やかさと大きめの正方形の形が、とても使いやすそうだった。聞けば、料理研究家の有元葉子先生が、赤木さんに依頼したのをきっかけに生まれたものらしい。いいな〜と思ったが、なにせ六枚欲しいので、買うにはとっても勇気のいる値段。後ろ髪を引かれながら“いつかは欲しいものリスト”に連ねておくことにした。そんなある日、取材で輪島の赤木さんの自宅と工房を訪ねることになった。赤木さん家族のほのぼのとした暮らしぶりや、作品のできる工程を垣間見たら、もういけない。思いきって「赤木さん、折敷六枚お願いします」。ふだんは夫とわたしの二枚しか使わないが、いいものは飽きない。これさえあれば、ほかの折敷が欲しいと思わないし、毎日使っているから結局お得だったかも。

丸隅折敷
素材：ヒバ、漆塗り
サイズ(約)：縦300×横
300mm
3万1500円
赤木明登
(あかぎあきと)
石川県輪島市三井町内屋ハ
ゼノ木75
0768・26・1922

○五六

猿山修さんの真鍮銀メッキ盆と銀さじ

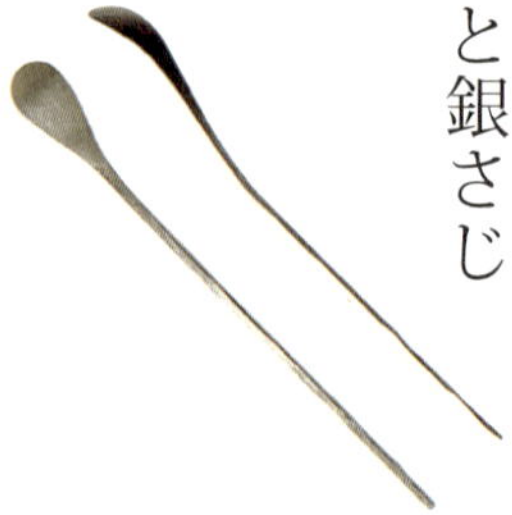

奈良の「ざっか 月草」で一目ぼれしたのが、このお盆とさじ。これは、元麻布の「さる山」の店主の猿山さんがデザインし、金工の坂見さんが製作したもの。鈍い銀の輝きと、かちっとしていないゆるさのあるフォルムに、和っぽい温かさを感じた。「やっぱりね、これ好きだと思ったわ」と、オーナーの石村由起子さん。彼女は、奈良で「くるみの木」をはじめ、何軒ものカフェやギャラリー、レストラン、プチホテルなどを経営し、成功させているパワフルな女性だ。店内には、お客さまに提供するために、彼女がプロの買い付けの目で選んだものばかりだから、とても勉強になる。この真鍮銀メッキ盆と銀さじは、どう使おうというより、これ自体にぐっと存在感があったので、今はおもむろにアクセサリーをぐしゃっと置いているが、そこだけ、雑誌の一頁を切り取ったようにかっこよくて、ひとりでほくそえんでいる。

真鍮銀メッキ盆
素材：真鍮銀
サイズ（約）：直径289×高さ16mm
1万8900円

銀の茶さじ
素材：純銀
サイズ（約）：長さ133×幅10×高さ7mm
1本7875円
デザイン／猿山修、金工／坂見英一、企画／東屋

さる山（さるやま）
東京都港区元麻布3-12-46
03・3401・5935

ざっか月草（ざっか つきくさ）
奈良県奈良市中山町1534
0742・47・4460

東青山（ひがしあおやま）
東京都港区南青山6-1-6
パレス青山106
03・3400・5525

○五七 角偉三郎さんの菜盆

今は亡き、角偉三郎さんの菜盆。ぽんとテーブルにあるだけで、絵になる存在感はさすがだ。角さんの指跡が残る力強いこの作品は、二〇〇三年十二月に、赤坂の「鏡花」での個展で購入した。箱書きは書かないと聞いていたが、特別に紙箱の蓋裏に書いてくださり、そのくしゃっとした笑顔が今でも忘れられない。角さんの器は素朴で大胆。けれんみのないおおらかさで、どんな器とも、どんな料理とも、不思議と相性がいい。お節料理を盛りつけたこともあったし、巻き寿司やおにぎりを盛ったことも。角さんの作品には銘がなく、六つの朱点が配され、それを線で結んでいる。まず材料があって次に道具。そして、つくり手と使い手。自然と調和したいという思いと漆への愛着が、「角偉三郎の六つ星」だと言われている。わたしが持っている角さんの作品はこれひとつだけ。いつかは合鹿椀を買おうと思っていたのに残念だ。

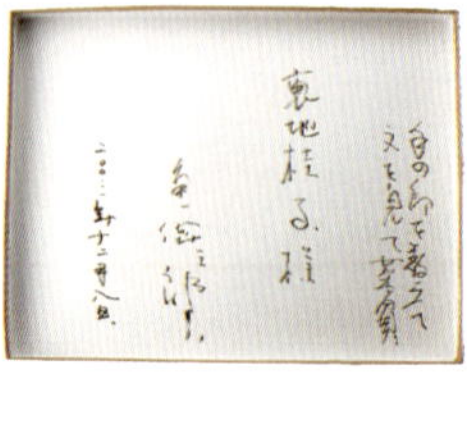

菜盆
（参考商品）
素材：木製、漆塗り
サイズ（約）：縦350×横470×高さ65mm

〇五八

てぬぐい本

てぬぐいは、手や身体を拭いたり、ものを包んだり、被りものとしたりと、江戸の頃から、庶民の生活に溶け込んでいた“和もの“である。てぬぐいとう響きも、どこか懐かしく、手頃なおみやげにぴったりだ。さまざまな柄や色合いのものがあって、実用としてだけでなく、デザインとしても優れていて見ているだけでも楽しい。そして、そんなてぬぐいからできたのが「てぬぐい本」。一枚のてぬぐいを折りたたみ、糸で綴じて本に見立てているから、糸をほどくと、ふつうのてぬぐいサイズになる。このアイデアがとてもおもしろいと思う。「てぬぐい本」は、「濱文様」のオリジナル。季節によって、新しいデザインが登場するが、わたしは「日本のこと」「お正月」が、描かれた絵柄や色合いからも好きだ。いっときマイ・ブームになって、大量買いしては、ちょっとしたギフトとして、友人たちに配っていたこともあるほどだ。

てぬぐい本
素材：綿100％
サイズ（約）：縦900×横340mm
各1050円
濱文様（はまもんよう）
045・847・2431

○五九
○六○

市原平兵衛商店の京風もりつけ箸
くるみの木の和ふきん

「市原平兵衛商店」は、明和元年に創業して以来、箸一筋の京都の老舗。店内には、約四百種の箸が勢揃いしている箸専門店だ。わたしの一押しは、京風もりつけ箸。江戸時代の末頃より花板（料理長）のみに使用が許されていたものを、現代風に扱いやすくしたもりつけ箸で、極めて繊細かつ丈夫な箸先で使いやすい。竹の皮を箸先まで残すのが職人技だとか。とにかく、つまみやすいので、我が家では、食事用の箸としてもお客様にお出ししている。ふきんは、清潔感のある白が見た目も気持ちいい。奈良の生活道具店「くるみの木」のオリジナル和ふきんは、まっ白で手になじんで使いやすい。長い間、いろいろなふきんをあれこれ試して使っていたが、今はこれに夢中。何がいいって、吸収性が抜群。そのうえ、厚手の綿が輪っかになっているので、乾きが速いのも魅力。わたしは、常時、十枚をどんどん使い回している。

京風もりつけ箸
素材：竹
33cm／1995円
28cm／1365円
23cm／1260円
市原平兵衛商店
（いちはらへいべいしょうてん）
京都府京都市下京区堺町通
四条下ル
075・341・3831

和ふきん
素材：綿100％
サイズ（約）：縦430×横
345mm
5枚2100円
和雑貨 胡桃
（わざっかくるみ）
奈良県奈良市法蓮町567
－1
0742・20・4600

○六一　大黒屋の青黒檀の八角利休箸

○六二　瀬戸国勝さんの漆のしゃもじ

竹田勝彦さん製作の約二百種類の箸が「大黒屋」の店頭に、ずらりと並んでいる。そのなかから選んだのが、青黒檀の八角利休箸。貴重で高価な材は、石のように美しく、指に吸いつく質感。丸に近い八角で細身のフォルムは、握りもよく、つまみやすい極上の箸だ。長年、塗り、スス竹のものなど、いろいろ試してみたが、今はこれ。「歯ブラシと箸は自分専用のものを使う。自分の手に合った箸は、食事がいっそう楽しくなるはず」とは、竹田さんの弁。

しゃもじにはちとうるさい。この変形のしゃもじが、握りやすくて大好き。以前、この形の「白木屋」のしゃもじを使っていて、お客様にごはんをよそうときも、この形いいでしょ～と自慢していた。そうしたら、「見つけたよ！桂子ちゃん好みのしゃもじの高級バージョン」と、引っ越し祝いにいただいたのが、漆のしゃもじ。使えば使うほど、いい艶が出て、愛着が増す妙品だ。

江戸木箸 八角利休箸
素材：青黒壇
サイズ（約）：長さ235㎜
（写真のもの）
1万5750円
大黒屋
（だいこくや）
東京都墨田区東向島2-3-6
03・3611・0163
燕子花
（かきつばた）
東京都目黒区青葉台1-13-11
03・3770・3400

飯がい
素材：サクラ、漆塗り
サイズ（約）：長さ200㎜
6300円
ギャラリーQUAI
（ギャラリークワイ）
石川県輪島市河井町1-7-13
0768・22・8685

〇六三

小泉誠さんの箸置き

小泉誠さんは、箸置きのような小さなものから、店舗や家、マンションのリフォームなど、たくさんのいいものをデザインしている、超売れっ子の家具デザイナー。彼のデザインは素材感が生きたシンプルなものが多く、そのどれもが、そこに存在することでほっとするやさしさを醸しだす。この木の箸置きもそう。小さな箸置きは、引き出しの中にしまったときに、ばらばらになりがちなので、コンパクトな木の箱に箸置きが納まるという発想は、使い手の立場に立った配慮だ。そのうえ、六個の箸置きが無塗装の六種類の材でできているから、気分によって使い分けられてちょっとお得な感じ。箸置きは、あるとうれしいもので、小さいから邪魔にもならない。だからかな、これは、人に差し上げると、いつも喜ばれる名品だ。国立の「こいずみ道具店」は、そんな小泉ワールドを堪能できる空間。遠出しても行く価値あり。

ROCCO
素材：箸置き／黒檀・ダガヤ・神代楡・花梨・ケヤキ・カエデ、箱／栃、蓋／花梨
サイズ（約）：縦40×横40×高さ60mm
3150円
こいずみ道具店
（こいずみどうぐてん）
東京都国立市富士見台2-2-5-104
042・574・1464
＊箸置きの上の「箸」は三谷龍二さん（166頁参照）制作のもの

〇六四

竹巧彩の竹のねじり編盛器

大分は竹工芸の産地で有名だ。竹職人の毛利健一さんは、「自然素材の竹の魅力は、竹のもつしなやかさ、力強さ、味わい深さ。いろいろな編み方で、竹のさまざまな表情を引き出して現代の人に伝えていきたい。だから、先人から受け継いだ伝統の技術を基本にしながら、竹工芸をもっと身近に感じてもらえるような作品をつくりたい」と、熱く語る。波打つようなねじり編みは、高度な技術を要し、とても美しい編みの技法だ。この器に、そうめんを盛ったり、枝豆を盛ったりするだけで、とてもおいしそうに感じられるので、夏は、特に出番が多い。ほかにも、実ものをちょこっと盛って飾るなど、ディスプレイ感覚で使える多用な竹ざるだ。毛利さんには、「啓子桂子」のデザインで、竹籠バッグ（208頁参照）の製作をお願いしているが、新しいものに挑戦することやコラボをおもしろがってくれる実に稀有な職人だ。

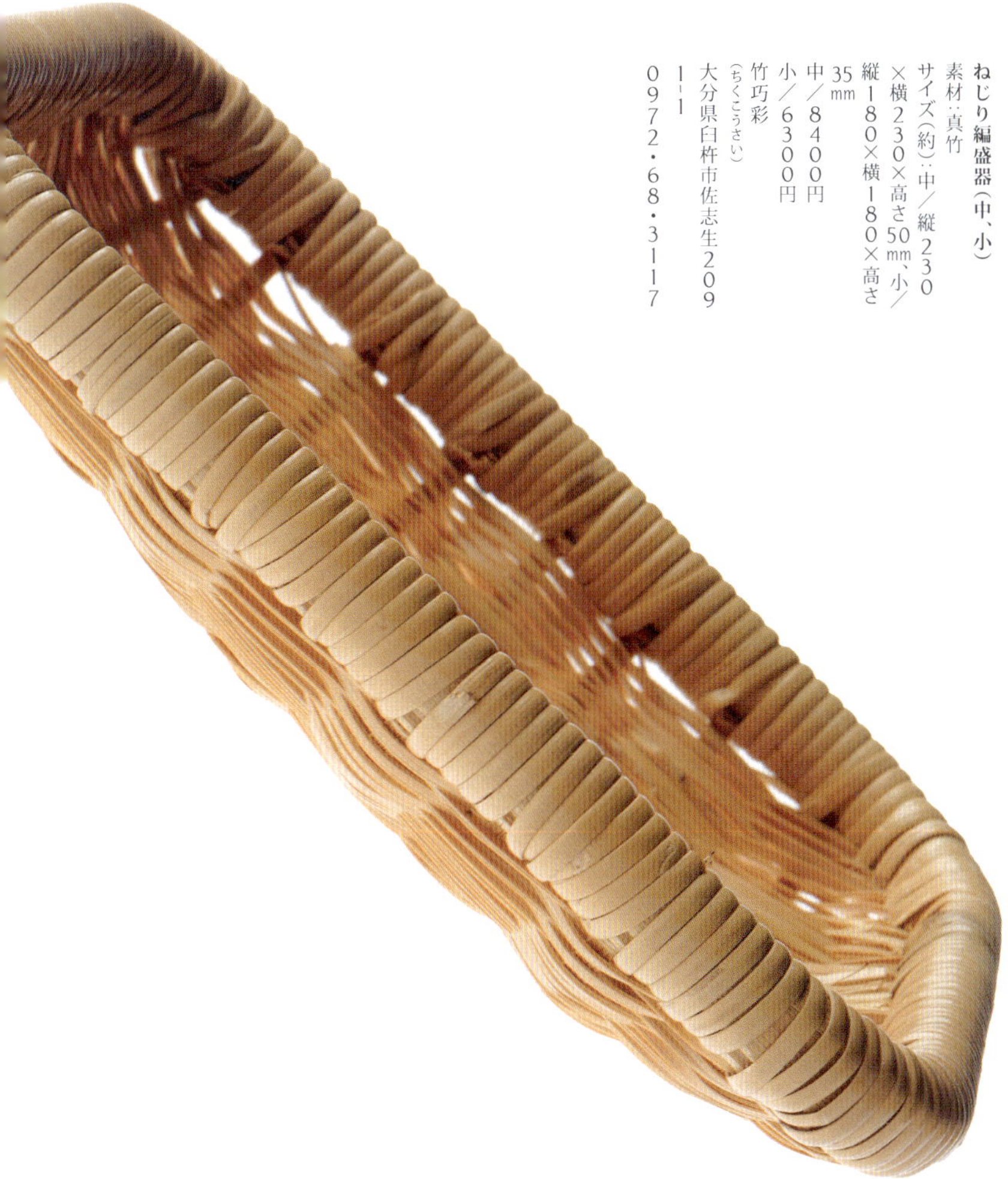

ねじり編盛器（中、小）
素材：真竹
サイズ（約）：中／縦230×横230×高さ50mm、小／縦180×横180×高さ35mm
中／8400円
小／6300円
竹巧彩
（ちくこうさい）
大分県臼杵市佐志生209
1-1
0972・68・3117

○六五　岩清水久生さんの鍋敷き

南部鐵器は、繊細な鋳肌と重厚な味わいのある鉄の色が特徴で、約四百年前より受け継がれてきた盛岡・水沢が誇る伝統工芸品。鉄瓶や急須などがポピュラーだ。岩清水さんは、現代のライフスタイルに合わせたコンテンポラリーなデザインの美しい南部鐵の道具をつくっている水沢在住のデザイナー兼鐵創作家。この鍋敷きも彼の作品だが、とても便利。布もの、コルク製、縄を編んだものなど、いろいろな鍋敷きを試してみたが、鍋やけしたり、汚れが落ちなかったりで不満だった。それに、鍋敷きの上には、フライパンやステンレス鍋、ケトル、ガラスのティーポットなどの洋っぽいものを置くこともあれば、土鍋や急須などの土ものを置くこともあるでしょ。この鍋敷きは、和洋な場面に合うもの。耐久性、堅牢性を誇る南部鐵だから、火や熱に強く、汚れが目立たない。そのうえ、重くない。買い求めやすい価格もうれしいわ。

釜敷き 網目

素材：鋳鐵
サイズ（約）：縦90×横130×高さ10mm
1575円

SAKE SHOP福光屋銀座店
（さけしょっぷ ふくみつやぎんざてん）
東京都中央区銀座5-5-8-1F
03・3569・2291

○六六

江波冨士子さんのショットグラス

このショットグラスには、ミニミニひさごがいっぱい浮いているので、わたし的には開運グラス。ひさごとも呼ばれる瓢箪は、おめでたいし、形がユーモラスで、もともとわたしの好きなモチーフのひとつ。瓢箪は、末広がりの形から、昔から開運ものとされていて、三つ揃えば、三拍（瓢）子揃って縁起がよいとされ、六つ揃えば、無病（六瓢）息災だそう。いわゆる和のモチーフのひさごが、江波さんの手にかかると、こんなにもチャーミングなガラスのショットグラスに。まさしく、アートな〝デザイン和もの〟だ。彼女のガラスは、つんとすましてなくて、からっとしているのにどこか艶っぽいのが魅力。透明感のある素材のガラスに、独特のモチーフの選び方、色の組み合わせ方などのデザイン力が、とっても和める。このショットグラスは、食器棚にあるだけで、にんまりしてしまうほどかわいくて大好き。

ひさご
（ムリーニ ショットグラス）
素材：ガラス
サイズ（約）：口径48×高さ
80mm
1万2600円
潮工房
（うしおこうぼう）
神奈川県三浦市初声町和田
2645-7
046・888・4677

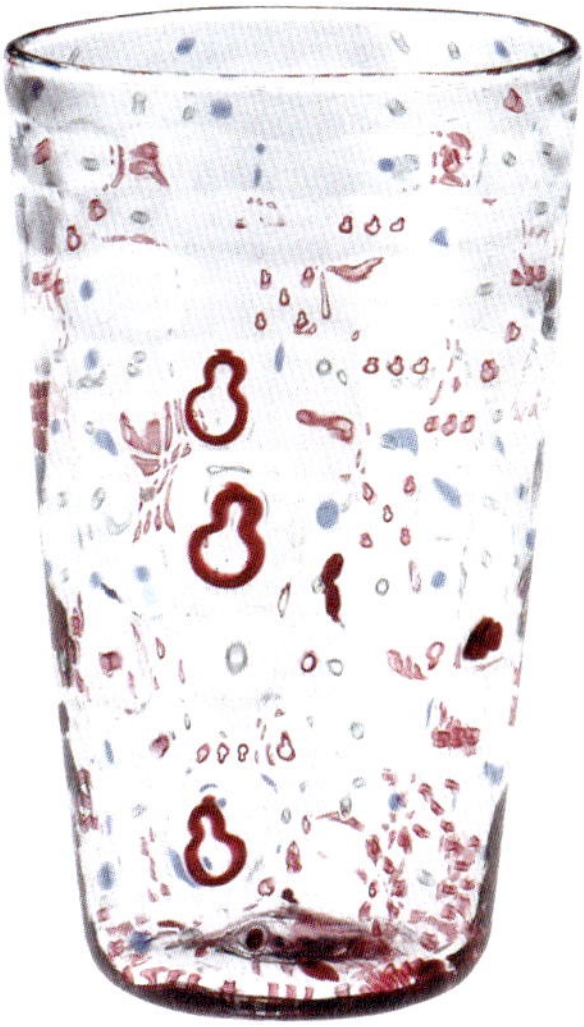

○六七

辻和美さんのお猪口

このお猪口には、「シマシマ」「マド」と名前がついている。ほかの作品のネーミングにも「テンテン」とかがあって、辻さんらしくてのどかでいい。これは、黒いガラスと丸やストライプのコントラストがモダンなデザインでありながら、レトロだ。お猪口だけど、わたしはミルクやシュガーを入れてお茶セットに添えたり、ソースを入れたり、ひとくちヨーグルトのデザート入れにしたりと、いろいろに楽しんでいる。辻さんは、金沢在住の人気のガラス作家。作品を注文しても半年待ちは当たり前で、ショップのスタッフやお客様も首を長くして待っている状態。たしかに、工房にうかがっても、ものがなかった。出来上がった作品は、発注順にすべて行き先が決まっているので、全国各地で開かれる個展か、犀川のほとりにある辻さんのカフェ＆ショップ、ギャラリーの「factory zoomer / shop」で購入するのが王道だ。

みにちょこ（シマシマ、マド）
素材：ガラス
サイズ（約）：口径60×高さ55mm
各3675円
factory zoomer/shop
（ファクトリーズーマー ショップ）
石川県金沢市清川町3-17
076・244・2892
＊土・日のみ営業

○六八

松徳硝子の入れ子うすはりグラス

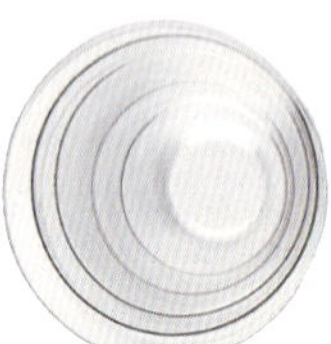

ガラスとは思えないほど軽くて、薄くて口当たりがいいから、ビールグラスに最適なのがこれ。しかも五種類セット。ビールを好きなサイズで楽しめるが、わたしはMサイズの出番が多いかな。「うすはりグラス」とは、文字どおりガラスを熟練した職人の技で極限まで薄くしたグラス。なんと厚みは〇・九ミリだとか。これは、東京の下町、墨田区にある「松徳硝子」の自信作で、大正時代から、電球用のガラスづくりを手がけてきた技術が生かされた作品だ。和洋折衷なふだんの食卓にもなじむサイズとシンプルなデザインが秀逸。あまりの薄さに、一見、使うのがこわいくらいだが、ふつうに使う分には問題なし。そこつもののわたしですら、いまだに割ったことはないから、ご安心を。SSサイズから順番に伏せて食器棚に収納しておくと、場所もとらず、便利だ。木箱入りで、進物にも喜ばれるうすはりグラスで、今宵も乾杯！

酒道具
素材：バリウムクリスタルガラス
サイズ（約）：SS／口径46×高さ80㎜、S／口径54×高さ97㎜、M／口径65×高さ115㎜、L／口径70×高さ135㎜、LL／口径77×高さ150㎜。木箱入り
5250円

松徳硝子（しょうとくがらす）
東京都墨田区錦糸4-10-4
03・3625・3511

○六九

藤塚光男さんの白磁のマグカップ

引っ越しで相当な数の食器を処分したが、藤塚さんの白磁の器は健在だ。豆皿、小皿、小鉢、長皿、角皿、六寸皿、八寸皿、中鉢、楕円鉢、大鉢など種類もさまざま。大半は亀岡の工房に出向き、買い求めたものだ。器は、彼の人柄に似て、ほっこりとした温かい空気感をもっていて、つい手に取りたくなるし、飽きない。それに、まったりとした白磁の器は、何を盛っても清潔感があり、食材の色も映える万能選手だ。和洋の料理を問わず、藤塚さんの器に盛りさえすれば、おいしそうに見えるので、ありがたい存在。そして、このマグカップはコーヒー党のわたしにとって、ベストフレンド。マグカップはどうしても洋ものが主流だが、我が家の食卓には、なんかしっくりこない。でも、このシノギの白磁のマグカップは、朝食の木のパン皿にもマッチするし、大きさといい、手で持った頃合いもよくて、大好きだ。

白磁シノギマグカップ
素材：磁土（花坂陶石）
サイズ（約）：口径85×
高さ90㎜
1個4410円
藤塚光男
（ふじづかみつお）
京都府亀岡市吉川町吉田上
河原12
0771・25・3816

〇七〇

永井健さんの急須

京都の実家のように、親しくお邪魔させていただいているのが李朝喫茶「李青」。オーナーの鄭玲姫さんのもの選びの目には一目置いていて、勝手に師匠と仰いでいる。生活に根づいた視点で本物を見つけて、それを日常の暮らしにさりげなく取り入れているセンスには、脱帽。研ぎ澄まされた感性が織りなす空間なのに、どこかおおらかで温かな心地よさがあって、こちらのゲストルームは、本当によく眠れるのだ。そして、いろいろといいものを伝授してくれる。この急須もそう。「急須のいいのをやっと見つけたのよ。ほらね、傾けても片手で支えなくても、蓋が取れないでしょ。それに、このキレのよさ。お茶が垂れることもないのよ。中の茶漉しも穴の開け方が細かくてきれいでしょ」と、鄭さんからいただいちゃったのがこの急須。この焼き締めの肌合いもいいが、本当にお茶がおいしくはいる、花まるの急須だ。

急須

素材：本体／枚方市長尾の原土、つる／藤づる

サイズ（約）：本体／幅130×高さ110mm

1万5000円

天空窯（てんくうがま）
兵庫県篠山市今田町下立杭323-4
079・597・2429

李青（りせい）
京都府京都市上京区河原町今出川下ル梶井町448-16
075・255・6652

○七一

極楽坊のアート茶筒

栃木県の益子には、大好きなギャラリー&カフェの「スターネット」がある。何年も前になるが、その帰りにふらっと立ち寄った陶器店で、このアートな茶筒に出会った。大胆な椿の柄がおおらかで、元気をもらえそう。「極楽坊」というアトリエのネーミングにもパワーを感じた。それに、大きな身体のアーティストの湊昭良さんが、小さな和紙貼りの茶筒を手に持ち、ひとつずつ手描きしている姿はなんとも微笑ましい。文字を書いたものや花柄、抽象柄など、色とりどりのたくさんの作品があり、コレクターもいるそう。"わたし好み"は、この椿柄と黒グレー系のモザイク柄で、茶葉だけでなく、コーヒー豆やお香なども入れている。そういえば、彼のアトリエのトイレの壁に、「愛が動機ならば、許されないことはなにもない」という貼り紙があった。そう、すべては愛が動機なのだ。愛に満ち溢れた湊さんの原点を見た気がした。

アート茶筒
（赤椿、モザイク黒グレー系）
素材：スチール缶、特殊コーティング和紙貼り
サイズ（約）：直径73×高さ78㎜
1個3360円
極楽坊
（ごくらくぼう）
栃木県芳賀郡益子町大沢2803-2
0285・72・0415

第六章

旅まわり

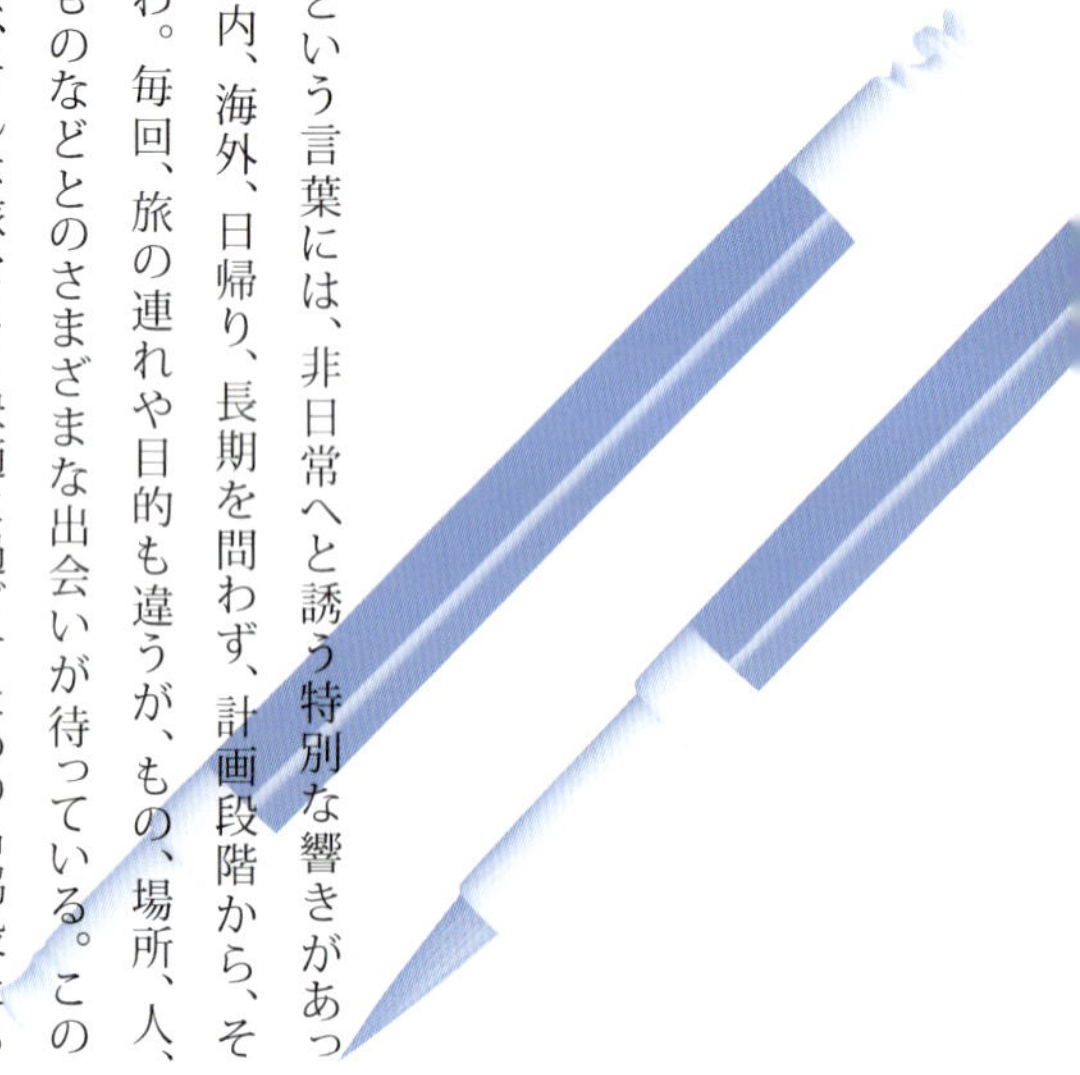

「旅」という言葉には、非日常へと誘う特別な響きがあって、国内、海外、日帰り、長期を問わず、計画段階から、そわそわ。毎回、旅の連れや目的も違うが、もの、場所、人、食べものなどとのさまざまな出会いが待っている。この章では、そんな旅をより快適に過ごすための名脇役たちが登場。この原稿も夫と夏休みを過ごしているセドナ（米国・アリゾナ州）のル・オーベルジュ・ド・セドナのコテージで書いているが、持参した香立てでお香をたき、茶葉で一服。すると、他人行儀な客室が、居心地のいい時間と空間に様変わりして、ほっこり和めます。

〇七二

漆の携帯硯箱

優雅で知的！が、この漆の携帯硯箱の第一印象だった。手のひらサイズの小さな漆の硯箱を開けると、これまた小さな銀製のお玉、硯石、墨、漆と象牙の筆がちょこんと納まっていて、まさしくミニ極上品。これは、石川県・輪島の漆デザイナーの桐本泰一さんが声をかけて、分野の違う十名が集まり、約二年の試行錯誤を重ねて成しえた職人技の結晶。たとえば、筆は、伝統工芸奈良筆の伝統工芸士・鈴木一朗さんらと、輪島の漆塗り職人との異業種交流で出来上がったもの。ひとつずつにストーリーがあるのも素敵。出張先や旅先にペンケース感覚で旅行鞄に忍ばせておくと、便りを書きたくなるから不思議だ。墨をすって、筆を取る自分にちょっとうれしくなれる。高価だが、大人だから持てる一生ものの粋な漆の携帯硯箱。でもね、携帯用だけではもったいないから、ふだんからいつもデスクの上に置いてあって、眺めている。

漆の携帯硯箱

内容・素材：硯箱（あすなろ材・漆塗り）、筆（竹に漆塗り・象牙・獣毛）、お玉（純銀）、硯石、墨。巾着袋、合い敷き付き

サイズ（約）：硯箱／縦117×横57×高さ23mm

8万4000円

輪島キリモト・桐本木工所
（わじまきりもと・きりもともっこうしょ）

石川県輪島市杉平町成坪32

0768・22・0842

*企画・デザイン・総合監修／桐本泰一。硯箱／桐本州一、小林栄一。筆／鈴木一朗、萬谷浩司、小林栄一、吉田宏之。硯／下井百合昭。墨／（有）松壽堂。お玉／橋本一之。巾着袋と合い敷き／柏木江里子。

〇七三

印伝の携帯硯セット

もともと日本は毛筆の文化。わたしも墨の香りは好きだし、墨をすっているとほんの一瞬でも無になれる気がするので、書は和の文化だと思っている。この印伝の携帯硯セットは、日本橋の有便堂で見つけた。ここは大正元年創業で、日本画、水墨画の書画材料専門店だ。店内に並ぶ約五百種類の顔料のレトロなガラス瓶は圧巻で、ラベルに書かれた色の名前はすべて日本伝統色。店主から、印伝セットは矢立《やたて》の現代版だと説明された。矢立とは、日本における携帯文房具の祖と言われ、墨つぼに、筆を入れる筒をつけた携帯用の筆記具。これも、小さな竹硯と真竹柄の杓、竹軸の筆、竹筒入りの墨が、印伝のケースに収まっている。竹硯はちゃんと墨もすれるし、軽くて割れる心配がないのも携帯用にはベター。それに、手軽にポケットなどにしまえるサイズだから、出先や旅先でちょっと一筆もなかなかおつだ。

文房印伝セット
内容・素材：印伝（紐掛け）、矢竹軸鼬毛筆、矢竹墨筒（軟墨入り）、スス竹硯、真竹柄杓
サイズ（約）：縦110×横80㎜（二つ折り時）
1万4700円
有便堂（ゆうべんどう）
東京都中央区日本橋室町1-6-6
03・3241・6504

○七四　創作和紙工房まるともの名前入り葉書

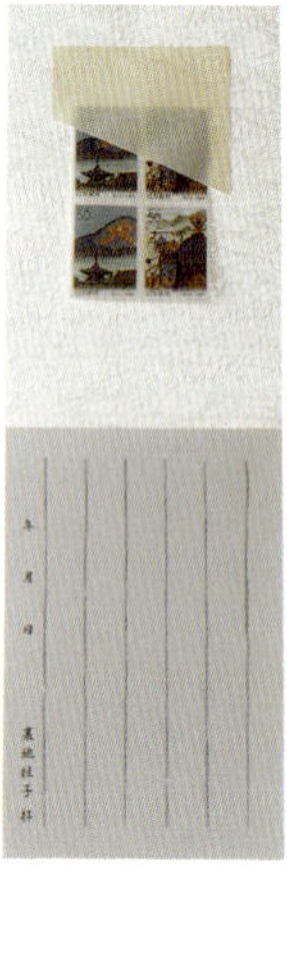

漆の携帯硯箱（148頁参照）を手にしたわたしは、次は葉書が必要だと思った。元来、なにごとも、まず形から入るタイプだから仕方ない。そんなとき、友人から届いたオリジナルの名入れの葉書が洒落ていて、紹介してもらったのが「創作和紙工房まるとも」。旅先で便りを書くにしても、手紙だと仰々しいが、太めの罫線の葉書だと一筆箋の感覚ですらすら。これは、〝すぐ出す葉書帖〟といって、二十枚が一冊になっている。表紙の裏には切手入れも付いていて便利だ。表に住所と名前、裏に罫線と年・月・日、拝を深緑で印刷した右下の写真のタイプを注文。筆で住所を書くのは面倒なので、住所の印刷はうれしい。この葉書が好評だから、黒・柿色・萌葱《もえぎ》が入った歌舞伎の引き幕のような勧進帳葉書三冊セットも注文。濃い色の葉書に書くための白いペンも付いていている。書いた白い文字がアートに見え、渋くてかっこいい。

勧進帳葉書（白ペン付き）
素材：葉書用色厚紙（黒・柿色・萌葱）
サイズ（約）：縦148×横100㎜
3色20枚（全60枚）、名入れ、白ペン付き
9450円
創作和紙工房まるとも
（そうさくわしこうぼうまるとも）
石川県金沢市示野町西19番地
076・267・3100

○七五

和の扉の朱印帖

ある日、素敵な朱印帖を銀座の「和の扉」で見つけちゃいました。わたしは四国の愛媛県松山市出身。子供の頃から、お遍路さんを身近に感じてきたので、いつかは四国八十八か所詣をしたいと思っている。だから、この上品な朱印帖に目がとまった。御朱印とはお参りの証として、お寺からいただく朱印のこと。もとは寺院に納経した証としていただいていたものが、いつしか参拝した証というように時代が下るにつれ変わったそう。朱印帖は、その朱印をいただくのにきちんとした帳面をということで出来たもので、神社や寺院に参拝するときの必携の品。「和の扉」の店内は、日本の色と美意識を感じさせる静謐さが好き。朱印帖は、店頭に並ぶ見本品を参考に、好みの色や素材などを注文するので、出来上がるまでの時間も楽しい。ちょっと高価ではあるが、オーダーメイドならではの日本の"ものづくり"を堪能してみては。

朱印帖

素材：表紙／麻または紬の染め、中面／和紙
サイズ(約)：縦180×横120×厚さ20mm
麻／1万2600円
紬／1万5225円〜
和の扉（ギンザ・コマツ）
(わのとびら)
東京都中央区銀座6-8-5
小松アネックス1F
03・3571・8510

○七六

粋更の旅用麻袋

短い旅には機内持ち込み可能な「ルイ・ヴィトン」の小型キャリー、長期用には「トゥミ」の大型キャリーを使っている。そして、衣類などの整理用の袋が旅には必需品。わたしは、下着、靴下、洗濯物などを分け、長期なら日別に衣類を分類するので、袋がたくさん必要になる。ポイントは、袋自体が洗えるものか、中が見えるもの。透明なジッパー付きの密封袋や、友人製作のタオル地の袋なども使っているが、最近のヒットはこれ。麻のメッシュで中のものが透けて見えるから、目当てのものがわかりやすい。そして、巾着タイプではなく、広口の寸胴袋タイプなので、シャツやTシャツがきっちり平たく収まるのもいい。ものによっては、くるくるっと巻いて使ってもいいし、紐を結んでフックに掛けておくこともできて便利。白の麻地は見た目も清潔感があって気持ちいいし、赤い真田紐が小粋な〝デザイン和もの〟だ。

麻ケース
(case mesh white)
素材:麻100%
サイズ(約):S/縦420×横290mm、L/縦460×横390mm
S/2100円
L/2835円
粋更《きさら》kisara
東京都渋谷区神宮前4-12-10表参道ヒルズ本館B2
03・5785・1630

〇七七

岩川旗店の大漁旗袋小物

萩焼きの陶芸家、三輪和彦さんを山口県萩市の工房に訪ねた際に、紹介されたのが大漁旗の染め専門店「岩川旗店」。この店の一番人気は、大漁旗の色鮮やかな鯛の日本てぬぐい。全十四種類のオリジナルの日本てぬぐいのなかで、わたしはこの「めでたし、めでたし」の縞柄がとても気に入った。こげ茶とブルー、白の配色がすっきりとモダン。「めでたし、めでたし」という文字もハッピーで好き。てぬぐいの手提げ袋は小さく折りたたみできて、ふだんの携帯にも便利だ。汚れたら気がねなく洗えるのも、てぬぐいだから。てぬぐいの靴袋も然り。竹炭入りの靴用の枕は、旅行鞄に詰め込む靴の型くずれを防ぎ、除湿効果もあって旅先では重宝する。わたしは、革の靴は傷がつきにくいように、左右それぞれ別の袋に入れたいので二枚組もありがたい。お店の方によると、靴袋ではなく合切袋のように持ち歩いている人も多いとか。

てぬぐい提げ袋（右頁）
素材：木綿
サイズ（約）：縦350×横320㎜
2100円

靴袋・巾着（下）
素材：袋／木綿、靴用枕／木綿、竹炭、綿
サイズ（約）：縦420×横210㎜
2枚組3570円

岩川旗店（いわかわはたてん）
山口県萩市古萩町40番地
0838・22・0273

〇七八
〇七九

柏木圭さんの懐中箸入れ
柴田慶信さんの長手お弁当箱

ぱっと見ると懐剣のような木の棒だが、三つに編んだ籐の輪を抜くと、中から竹の箸が現れる懐中箸入れ。これは、長野県大町市で工房を開く、木工作家の柏木圭さんの人気商品。地元産の栗の木にこだわり、自ら間伐したものを玉切り、荒割りして一年以上乾燥、再び二つに割り、箸の入る部分をノミで彫り込んでいる。割り箸を使わず、環境にやさしい懐中箸入れはいかが。この長手のお弁当箱は、柴田慶信さん作。秋田杉の美しい木目とこの細長い形に、まず目が引かれる。「バッグの底に入るお弁当箱をつくろうと思い、細長い形になったんです」と柴田さん。お弁当は詰め方が難しいのだが、これは横長に置いて、左から順番におかずを詰め、残ったスペースにおにぎりかごはんを詰めれば、見た目にもきれいなお弁当が出来上がる。天然秋田杉は、ごはんの水分をほどよく吸収して、冷めてもごはんがおいしい。

栗懐中箸入れ
素材：本体／栗、箸／竹
サイズ（約）：直径22×長さ
２３０㎜
５７７５円
（白木オイル仕上げ）
柏木工房
（かしわぎこうぼう）
長野県大町市美麻８００４
−１
０２６１・２９・２３６３

白木長手弁当箱（小、大）
素材：天然秋田杉、山桜の皮
サイズ（約）：小／長さ
２３０×幅85×高さ50㎜、
大／長さ２９０×幅85×
高さ50㎜
小／９４５０円
大／１万５００円
柴田慶信商店
（しばたよしのぶしょうてん）
秋田県大館市清水３丁目２
−65−12
０１８６・４２・６１２３

〇八〇

キハラの旅持ち茶器

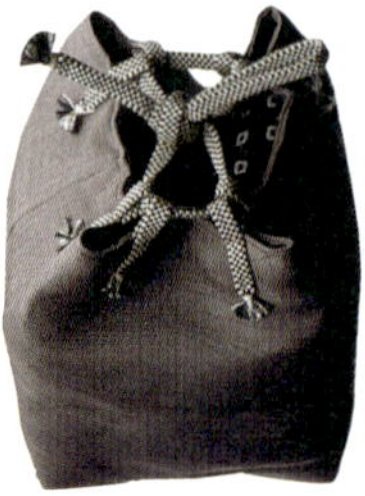

いろんなシーンで人はお茶時間をもつ。忙しい現代人だからこそ、一杯のお茶の効用は計りしれない。旅持ち茶器は、旅のお供はもちろんのこと、ちょっとした散歩やキャンプに持参したり、会社のデスクの引き出しなどに忍ばせておくと、コンパクトなお茶セットとなり、ほっこりとしたお茶時間を演出できる。巾着袋の中には、急須に湯呑みが二個、ミニ茶缶、ふきんが入っている。青みがかった白のシンプルな器は飽きない。持ち手の付いていないこのような形の急須は宝瓶といい、手のひらサイズのものが多く、昔は旅人が携帯用に持ち歩いたことから、旅持ち急須とも呼ばれていたとか。お気に入りの茶葉とちょうどいい加減のお湯を入れ、茶器で蒸らす。手で包み込むように宝瓶を持ち、ゆっくり湯呑みに注いで、ハイどうぞ。ちなみに、黒のふきんはこのセットのものではなく、好きなものを合わせて使っている。

旅持ち茶器

内容・素材：急須（磁器・有田焼）、湯呑み2個（磁器・有田焼）、ミニ茶缶、ふきん。巾着袋入り

サイズ（約）：急須／直径100×高さ70㎜、湯呑み／直径75×高さ35㎜、巾着袋／幅110×奥行き115×高さ140㎜。

収納時の重さ410g

7350円

キハラ（きはら）

佐賀県西松浦郡有田町赤坂有田焼卸団地

0955・43・2325

○八一

開化堂の携帯用茶筒

「開化堂」の茶筒は、今や全国区。ここの茶筒の愛用者は多く、わたしもそのひとり。創業は明治八年で、五代目の八木聖二さんによって、伝統の技法がしっかりと守られている。銅は使い込むうちに深みをましていい色になってくるし、銅の継ぎ目の線に合わせて蓋を軽くのせると、すっーと蓋が落ちて、ぴたりと閉まる。気密性が高く、茶葉も湿気にくく、香りも飛びにくい。さて、旅先での一服に必ず持参するのが、この「開化堂」の携帯用茶筒。京都・錦市場の「有次」で買えば、その場で名入れのサービスがあるので、茶筒の蓋と茶さじに"桂子"の名前入り。旅行のたびに「これ、いいでしょ〜」と見せびらかしながら、旅館やホテルの一室でお茶を淹れていたら、「わたしも欲しい」という声が多くて、何人もの友人に名前入りで誕生日プレゼントにした。そんな友人たちと旅行に行くと、各々の自慢の茶葉の品評会となる。

茶筒（**携帯用**30**グラム**）
素材：銅、錻力、真鍮
サイズ（約）：直径80×高さ33㎜
専用巾着袋入り
9450円
開化堂（かいかどう）
京都府京都市下京区河原町六条東入
075・351・5788

○八二

三谷龍二さんの携帯お香入れ

出張や旅行など、泊りがけで出かけるときに、必ず持っていくのがこの小さな木のお香入れ。直径二センチ、高さ一〇センチぐらいの木の筒ですが、蓋を外すと、そのまま内側にお香が立つように金属がはめ込んであり、いたってシンプルで機能的なデザインだ。これは、人気の木工作家、三谷龍二さんのもの。わたしは、ブラックウォールナットのものを愛用している。旅先の見知らぬ部屋が、お気に入りの香をたいただけで、ふっと自分の居場所になるから不思議。このお香入れに納めるインセンスは「リスン」で買う。サイズがちょうどいいし、一本から買えるので、たくさんの種類から旅のイメージに合わせて選ぶ。木のものは使い込むうちに、木が育っていくのがわかって、かわいいやつだな〜と思う。我が家では、三谷さんの桜材のバターケースも長年愛用しているが、使うたびに、いいな〜、いいよね〜とニンマリ。

携帯お香入れ（Ｒｅｅｄ）
素材：桜、ブラックウォールナット
サイズ（約）：直径21×長さ100㎜
各２３１０円
三谷龍二
（みたにりゅうじ）
長野県松本市蟻ケ崎２４５９
リスン青山
（りすんあおやま）
東京都渋谷区神宮前５-47-13-２０２
０３・５４６９・５００６

○八三 木原由貴良さんの紫檀の楊枝入れ
○八四 木原由貴良さんの紫檀の手鏡

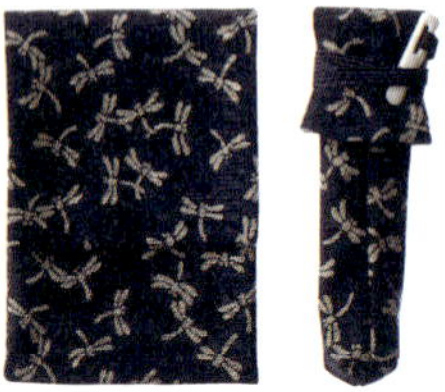

木原由貴良さんは大阪唐木指物師二代目。高級家具、飾り棚、座卓、花台などを製作する唐木指物は、紫檀、黒檀、花梨などの唐木材を使い、釘を使わず、組み手と接着剤で固めている。仕上げは紫檀の表面を滑らかにして、拭き漆を施し、最後に蝋をかけて艶を出しているそう。唐木のなかでも、紫檀はもっとも硬い木。一見、蓋と身が一体となって小さな木片のようだが、上蓋がす〜っとすべるようにスライドして開き、閉めるとぴったり閉じる。シンプルな楊枝入れは、唐木指物師の技術があってこその作品。まさしく“デザイン和もの”だ。日本橋の「さるや」の楊枝とセットで差し上げると喜ばれる。また、紫檀の手鏡は、丸い鏡の部分と小さくて細い持ち手のアンバランスな感じがいい。紫檀は、長年使い込むうちに、いい色艶に変わる。袋を同じトンボ柄の生地で揃えれば、大人のカップルのためのペアギフトにも最適。

紫檀爪楊枝入れ
素材：紫檀
サイズ（約）：長さ85×幅10×高さ15㎜
専用木綿袋入り
4200円

紫檀手鏡
素材：紫檀、平面鏡
サイズ（約）：鏡面の直径50㎜
専用木綿袋入り
3675円
工房キハラ
（こうぼうきはら）
大阪府貝塚市澤689
072・422・7438

〇八五

三條本家みすや針の携帯お針箱

三條本家みすや針は、一六五一年宮中の御用針司となり、一六五五年後西院天皇より「みすや」の屋号を賜った、十七代続く老舗の針の専門店だ。針は、小さな刃物で、刀と同じように鉄を鍛えてつくっている。木綿針だけで十四型もあり、店内に並ぶ針の種類の豊富さに驚く。ここの和針は、穴が丸く糸通しがスムーズ。針先が徐々に細くなっており、刺しやすく曲がりにくいので、縫うときに抵抗がないのが特徴。ほかにも、手づくりのミニミニサイズのうさぎ、金魚、苺などが付いたマチ針もあって、まるで針のワンダーランド。この携帯お針箱は、見た目がかわいいだけでなく、使えるやつ！なんと、蓋裏が針山になっていて、木綿針に、黒・赤・白の三色の木綿糸付き。そして、ぱちっと糸が切れて小気味いい小さな握り鋏。旅先でもちょっと紐を切ったりと役に立つ。ただ、あまりの人気で、品切れの場合もあるそう。

携帯セットの針箱

内容：縫針（三ノ四）、木綿糸
3色（黒・赤・白）、糸切り鋏、
桐箱入り
サイズ（約）：縦35×横30×
高さ80㎜
2500円
三條本家 みすや針
（さんじょうほんけ みすやばり）
京都府京都市中京区三条通
河原町西入石橋町26
075・221・2825

第七章

室内飾りもの

我が家のインテリアのテイストは、夫の好みも反映して、いわゆるシンプル＆モダン。そんな空間に、今と昔の美意識が重なった〝デザイン和もの〟なインテリアグッズや飾りもの、小家具などが、わたしらしさを添えています。現在、引っ越しを控え、ものを減らすべく、家中のものを見直し中。すると、使わないけれど、どうしても手元に置いておきたいものがあります。それは、室内にあるだけで幸せ気分が味わえる、愛でているだけでふわ～っとやさしい気持ちになれる、〝わたし好み〟の宝物たちです。それらがこの章の主役。幸せのお福分けをどうぞ。

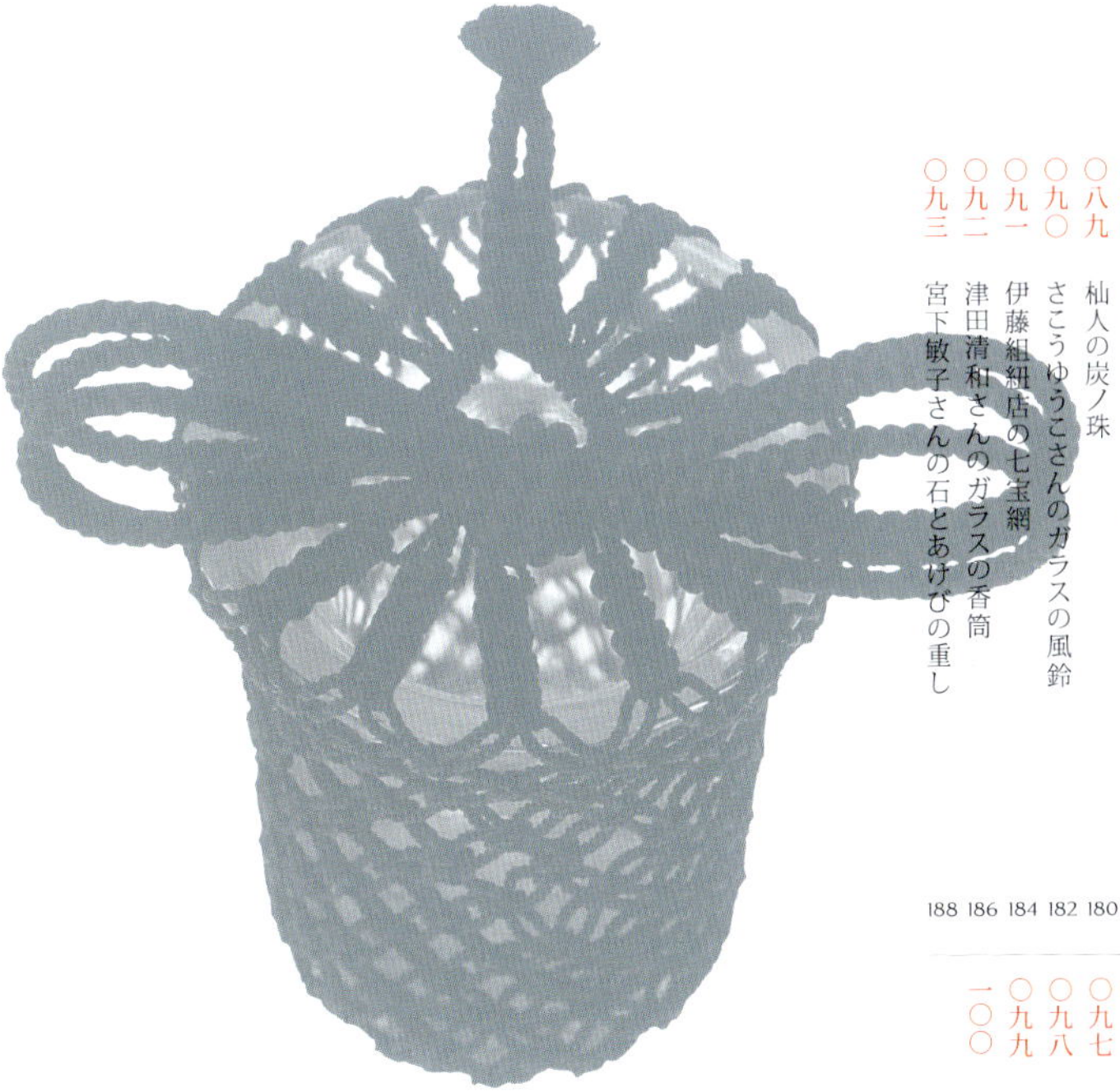

〇八六

松栄堂のにほひ箱

友人宅に飾ってあったのが、この上品なにほひ箱。あら、素敵。ひとつひとつ細かく職人さんが手描きしているという桜の絵柄の桐箱入りでとても優雅。蓋の部分には源氏香の文様のひとつ「花宴」の透かし窓があり、小さな取っ手を引っ張るとその小窓が開き、中に納めてある香袋から、ほのかな香りが漂う趣向も奥ゆかしい。また、窓を閉じれば香りを抑えることもでき、好きなときに好きなだけ香りを楽しめる細工が心憎いではないか。これは、京都で宝永二年に創業したお香の老舗「松栄堂」のもの。お香は古来より宗教用として使われたり、貴族のたしなみとして歌や文学などにも深く結びついていた。源氏香とは江戸時代に成立した組香のひとつ。五十二とおりの図で答えを表すので、源氏物語の五十四帖のうち、第一巻の「桐壺」と最終巻の「夢浮橋」を除いた五十二帖の巻名がそれぞれの図案に付けられている。

源氏かおり抄 花宴
素材:桐
サイズ(約):縦80×横80×高さ65mm
9240円
香老舗 松栄堂
(こうろうほ しょうえいどう)
京都府京都市中京区烏丸通二条上ル東側
075・212・5590

○八七

千と世水引の香雅

これは、金沢の「千と世水引」の水引作家・岡本昌子さんがつくった水引のにほひ袋。ころんとした巾着型の愛らしさに、わたしの心がコロリ。ピンク×白×銀の取り合わせや、さまざまな色のバリエーションの香雅があり、目移りするが、わたしが選んだのは、シンプルな紅一色と白一色。極上の絹巻の水引を使っている特別バージョンだから、発色と艶がとてもいい。紅白セットでお雛様ふうに並べて飾るのが、わたしのこだわり。お祝い事、お正月、雛祭りなどの折に登場する我が家の定番飾りだ。玄関や室内に飾ると、薫香が漂い、どことなく和の趣を演出できるのもうれしい。それに、水引は人の心を結ぶといい、縁起がいいので、お祝い事にはぴったりだと思っている。手に取ってよ〜く観察すると、とても繊細な技術で根気よく巾着型に結んでいるのには感心。紐をほどくと、中の香り包みを交換することもできる。

麗・香雅
（うるわし・かが）
素材：水引、香り包み
サイズ（約）：底の直径80×高さ80mm
各5250円
＊雅・香雅（みやび・かが）3150円もあり
千と世水引
（ちとせみずひき）
石川県金沢市尾張町1丁目9-26
076・221・0278

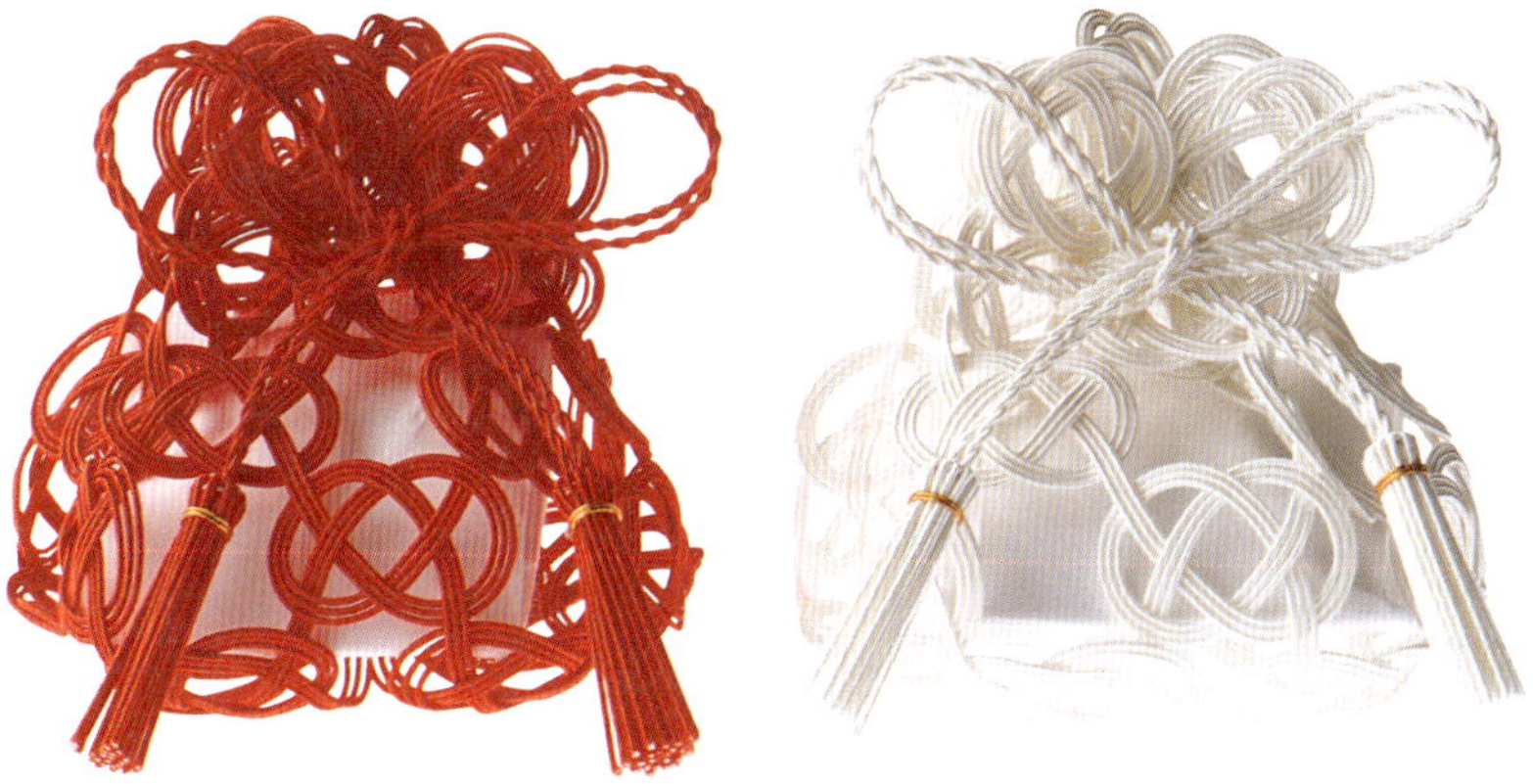

〇八八

高澤ろうそく店の和ろうそく

ゆらゆらと揺らめく炎は、雰囲気や会話をもりあげるし、ぼ〜っと眺めているだけで心が落ち着く。だから、わたしはキャンドル好きだ。ふだんは「ディプティック」の「ベス」というフレグランスキャンドルを愛用している。ある日、キャンドルのようにモダンな和ろうそくを見つけた。お値段も一本四二〇円と買いやすい。五種類あったが、形が好きなこの二本を購入。これは、創業百十年を超える石川県七尾市にある「高澤ろうそく店」のもの。和ろうそくは、漆の仲間でもあるはぜの木などからとった木蝋からつくられ、芯は和紙の上に、い草からとれる灯芯を巻いてある。炎も黄色くて大きく、すすが少ないのが特徴。その日の晩に、さっそく火を灯してみた。和ろうそくっぽくはないフォルムで、シンプルな無地だから、和洋どちらの空間にもすっとなじむし、和食器中心の卓上に置いても違和感がないのがうれしい。

和ろうそく ななお

（左／ななおP、右／ななおA）

素材：木蝋、い草の髄

サイズ（約）：直径20×長さ120mm、燃焼時間約90分

1本420円（紙箱入り）

高澤ろうそく店

（たかざわろうそくてん）

石川県七尾市一本杉町11番地

0767・53・0406

*ろうそくの下の「こま燭台」は岩清水久生さん（132頁参照）制作のもの

〇八九

杣人の炭ノ珠

炭は、日本が世界に誇れる優れた文化。燃料としてだけでなく、炭には調湿、消臭効果など、さまざまな能力があり、わたしたちの暮らしや健康などにも役立つといわれ、たくさんの炭グッズが出回っている。自然からできている炭は、無害で環境にもやさしい。そんな炭グッズのなかで、目にとまったのが、この炭ノ珠。炭そのものではなく、ころんとした籠状の球体にデザインしているのがめずらしい。中に入っているのは紀州備長炭。和歌山の紀州備長炭といえば、炭界のトップブランド。ボール状に編んでいるのは植物のかずらで、編み上げたあとに、備長炭の微粉末炭をコーティングしているとか。わたしは、部屋の空気の浄化も期待して、炭ノ珠をたくさんガラスの器に入れて飾っているが、シックな墨黒のまあるい炭ボールは、モダンなインテリアグッズにもなり、「これ、なに？ かっこいいわね」と褒められる。

炭ノ珠

素材:蔓、紀州備長炭、備長炭微粉末炭
サイズ(約):大/直径100mm、小/直径60mm
大/1890円
小/1155円

紀州備長炭窯元直送の店
杣人(そまびと)
和歌山県田辺市上万呂5-31
0739・23・7270

○九○

さこうゆうこさんのガラスの風鈴

風鈴といえば、日本の夏の風物詩だ。夏になるとどこからともなく聞こえてくる、ちり〜んとした涼しげな音に、我が家の軒先にも風鈴つけたいな〜と思うのだが、いかにものタイプばかりで、風鈴を買うことはなかった。そんなわたしが、キュンとときめいたのが、このガラスの風鈴。思わず、買っちゃいました。それも、ふたつ。宙吹きの技法で透明なガラスをつくっているガラス作家のさこうゆうこさんの作品だ。なにが琴線に触れたかというと、まずガラスの透明感。そして、中にある舌と呼ばれる部分の鉄のモチーフも、透明なガラスのドームに映えてキュート。わたしは、黒い花と黒い雪の結晶の二種類を選んだ。ほかに、鳥などがあり、色も赤、紺、緑など。さらに、風を受ける吹き流しのリネンの色や紐の色まで指定して、わたし仕様の風鈴に仕立ててもらった。雪の結晶は、冬の室内にも飾りたい洒落た風鈴だ。

風鈴

素材：ガラス、鉄、リネン、ヘンプの紐

サイズ（約）：ガラス玉／直径60㎜、全体の長さ280㎜

1個3675円

日々ガラス製作所
（にちにちがらすせいさくじょ）

愛知県尾張旭市柏井町弥栄1166-302

0561・54・6645

○九一

伊藤組紐店の七宝網

ぴたっと沿うようにつくられた美しい七宝網は、細かな手技があやなす組紐工芸品。これは、文政九年ごろ創業した京組紐の専門店「伊藤組紐店」の製作。組紐は、帯締めや羽織紐、お茶道具を入れる仕覆の締紐や能面の紐などに、幅広く用いられている。七宝網は、両端のとがった長円形をつなぎ合わせた七宝模様に似せてつくる網で、持ち込んだ現物に合わせて網の色を相談する。糸は常時四十色をオリジナルで揃えてある。これは、ガラスのリキュールグラスだから、中のグラスの色がより映えるように黒でお願いした。当主の伊藤さんが、柄ゆきを考え、ひとつひとつ結び上げていく過程は、時間がかかるため、仕上がりは約三か月後。手元に届いた七宝網の凛とした美しさと繊細な仕事に、ぐぐっと惹きつけられた。お気に入りの品や思い出の品を守り飾る見目麗しい七宝網は、まさしく紐の芸術品といえる。

七宝網

素材：絹
サイズ、金額は中に包むものによって異なる
（写真のリキュールグラスの七宝網で2万685円）

伊藤組紐店
（いとうくみひもてん）
京都府京都市中京区寺町六角北西角
075・221・1320

○九二

津田清和さんのガラスの香筒

好きな香りで空気を色づける。だから、お香やフレグランスキャンドルといった類が好きなのかもしれない。香水もそう。そのときどきのマイ・ブームがあって、今は「エルメス」の「ナイルの庭」がわたしの香り。香水は香水瓶もきれいで、特別な美意識がそこに潜んでいるような気がする。お香もガラスの筒に入っていたら、きっとエレガントでいいだろうな〜と、漠然と思っていた。そうしたら、出会ってしまったのが、ガラス作家の津田さんの香筒。一見、緑青をふいた銀器のような顔をしていながら、実はガラス。透明感のあるガラスとは違い、切子カットをした表面に金銀彩を施した少しくもったガラスの香筒は、わびさびの世界に通じる。和の香りを入れるのにふさわしいわと、ほれ込んでしまった。これに好きなお香を入れて玄関に置いておく。蓋の裏が香立てになっているので、そっと一本たいて客迎えをする。

銀筒香立

素材：ガラス、金銀彩
サイズ（約）：直径30×高さ95㎜
1万5750円
セレクトショップ「京」（きょう）
京都府京都市東山区三十三間堂廻り644番地2
075・541・3206

○九三

宮下敏子さんの石とあけびの重し

この石とあけびの重しは、バスケタリー作家の宮下敏子さんの作品。バスケタリーとは籠編のこと。自然素材を巧みに使い、編む、巻く、組むなどの長年培われた技法でつくる手仕事だ。あけびの蔓とまあるい石のコンビが、どこかユーモラス。この作品を、〝パンツを穿いた石〟と宮下さんは呼ぶ。中の石は、伊豆半島・真鶴の海岸で宮下さんが拾ってきたもの。底の安定のよい石をさがすのがポイントだそう。もちろん、ひとつとして同じ石はないから、作品それぞれにみな表情がちがう。わたしは、ドアストッパーとして使っているが、お茶を嗜む友人からは、関守石みたいと言われる。宮下さんは「多様な用を含んだ籠をつくる、現代のアルチザンでありつづけたい」と言う。根津神社そばにある工房は、細い路地の奥に佇む古い日本家屋で、手入れされた庭からも、自然や生活を慈しむ、彼女のやさしさが垣間見えた。

石とあけびの重し
素材：天然石、あけび
サイズ（約）：直径70〜100㎜の石
3150〜6300円
セレクトショップ「京」（きょう）
京都府京都市東山区三十三間堂廻り644番地2
075・541・3206

〇九四

小泉誠さんのスツール

この本の帯の推薦文を書いてくださった家具デザイナーの小泉誠さん。プロダクト、家具、インテリア、ショップ、建築と幅広くデザインの現場で活躍中。彼の作品（128頁参照）に、共通しているのは、清廉で素材を感じさせるシンプルさ。それでいて、ふっと肩の力が抜けるやさしさとぬくもりがあって、どことなく和のニュアンスも秘めているから好き。このスツールは、折り紙のようなフォルムから「ORI」とネーミングしたそう。小泉さんがつくる家具は、使う人の立場に立った配慮がされていて、このスツールも壁にぴたっとつけられ、スタッキングもできるから、狭い空間でも使いやすい。移動が簡単なので、我が家のウォールナットのスツールはあちこちに出没。補助椅子としてはもちろん、コーヒーテーブル代わり、たまに踏み台代わりになったり、とっても重宝。"デザイン和もの"なスツール、見〜つけた！

ORI
素材：ウォールナット、
チェリー
サイズ（約）：375×430
×高さ420㎜
1脚2万7300円
こいずみ道具店
（こいずみどうぐてん）
東京都国立市富士見台2-
2-5-104
042・574・1464

○九五

八木保さんの三本脚の椅子

三本脚のすっきりとしたシルエットが、折り鶴のような折り目正しい、端正な和が表現されている椅子だ。これは、グラフィックデザイナーの八木保さんが「日本の美意識との対話としての小椅子」をテーマにデザインを依頼された椅子。「僕の考える日本の美意識のひとつが〝躾〟。躾は、身を美しくと書く、日本で生まれた漢字で、英語には躾という単語がない。この椅子は、背にもたれかからないように意識するから、自然と背筋もすっと伸び、姿勢よく座ることができる。正しい座り方を椅子に躾けられます」と、八木さん。三本脚の椅子は、フォルムがシンプルで美しいが、プロダクトの安全性を問われる昨今では、転倒のおそれがあると懸念されることも。でも、実際に座ってみると、両足を床にしっかりとおろし、五本脚となり、意外に安定感がある。四本脚のバージョンもあるが、わたしは三本脚のこの椅子が好きだ。

木製小椅子（影シリーズ）
八木保の3本脚の椅子
素材：ナラ材、ウレタン樹脂
塗装（ナチュラルブラック）
サイズ（約）：縦560×幅
460×高さ776㎜
（背もたれ含む）
1脚7万8000円
Tamotsu Yagi Design
（たもつやぎでざいん）
893 A Folsom St.
San Francisco California
94107 U.S.A
415・777・0626
nextmaruni Life studio
（ネクストマルニ ライフスタジオ）
東京都港区西麻布3-13-15
-BIKシステム内
03・3746・3603

〇九六

坂田敏子さんの屏風姿見

着物の着付け用に、全身が映る粋な姿見が欲しいな〜と、思っていたときに出会ったのがこれ。そうそう、こんな感じの細い姿見だったら、着物姿を映すのにぴったりな雰囲気で、屏風姿見というネーミングも和っぽくていい。屏風は、いわゆる間仕切りで、その鏡仕様だから、ぱたんと折りたためば、場所をとらず、保管や移動が容易だ。革の蝶番で好きな角度に開いて立つので、見やすいし、二本のバーも、腰紐、帯締め、帯揚げなどを掛けておくのによさそう。これは、目白で洋服屋「mon Sakata」を営む、坂田敏子さんのデザイン。彼女は、そのものが主張するような、いわゆるファッションとしての服ではなく、基本は日々の暮らしで必要な道具としての服というコンセプトで服づくりをしている方。この屏風姿見もさりげないけど上質。こだわりのある大人の女性のための、クオリティを追求した〝和もの〟だ。

屏風姿見
素材：ブラックウォールナット、
鏡
サイズ（約）：幅300×奥行
き52×高さ1500mm
7万7500円
坂田敏子
（さかたとしこ）
東京都新宿区下落合3-21
-6 mon Sakata
銀座桜ショップ
（ぎんざさくらしょっぷ）
東京都中央区銀座4-10-5
三幸ビル1F
03・3547・8118

〇九七

菓子型の額装

この額装は、この本のデザインをお願いした八木保さんの製作。ふっふっふ、サイン付きだものね。額装は、大切な書画を枠に入れて、室内の壁などに掛けて鑑賞したり、愛でるもの。この額装の中に収められているのは、古い菓子型で、ぽこっとしたつるの玉子がなんとも愛らしくて、気に入った。菓子型は、もともと落雁などの干菓子をつくるのに使う木製の道具。堅い桜の木などに、多くのノミを駆使して、模様を彫り込んでできる職人の手仕事だ。かつては婚礼や上棟の祝いの席などで用いられることが多かった菓子なので、おめでたい文様が多く、なかには、複雑な意匠を凝らした菓子型もあるが、シンプルなものがほとんど。古い和の道具であった菓子型が、立体的な額装で、"デザイン和もの"なアート作品に価値が変化した。洋の空間にもなじむこの額装は、我が家のリビングの窓辺に飾ってあり、とても評判がいい。

菓子型の額装
サイズ(約):縦300×横230×厚さ50mm
Tamotsu Yagi Design(たもつやぎでざいん)
893 A Folsom St.
San Francisco California
94107 U.S.A
415・777・0626

〇九八

工房TSEの古布のミニチュアお節重箱

日本料理のお教室に十年近く通っている。先生の「知っていてやらないのと、知らないでできないのとは違うから」という言葉に励まされ、劣等生ながら、なんとか続けてきた。その教室の仲間が持っていたのを見て、あまりのかわいさに一年待ちで手に入れたのが、このミニチュアお節重箱。「なにもなにも、小さきものは皆うつくし」とは、清少納言の書いた『枕草子』の一節。本当に小さなものは愛らしい。これは、四センチ四方の三段のお重箱に、ぎっしり古布でつくったお節が詰まっている。一の重には、昆布巻きや手鞠麩、二の重には柚子窯、玉子巻き、三の重には鯛、ごまめ、八幡巻きなど、心を込めて、ていねいにつくられている。ほかで似たようなものを見ることがあるが、出来が比較にならない。小さな作品なので、とても小さな柄の古布を探したりと、苦心も多いそうだ。お雛様バージョンのお重箱も頼んでいる。

古布ミニチュアお重
（参考商品）
素材：古布
サイズ（約）：縦40×横40×高さ45mm
＊工房の希望により、住所・電話番号は掲載できません

○九九

鈴木マミ子さんの銀飾りひいな

母と一緒にたくさんの箱からお雛様を出し、道具をつけて、飾っていたのは、母方の祖父母から初節句のお祝いに贈られた七段飾り。はやくしまわないと、お嫁に行くのが遅れると、桃の節句の翌朝には、母がひとつずつ新しい和紙を人形にかぶせ、片付けていたのを思い出す。ある日、旅先の金沢のギャラリー「遊くらふと」で見せていただいたのが、銀細工作家・鈴木マミ子さんの銀飾りひいな。お雛様のサイズの頃合いといい、お召しものの古布の風合いといい、手仕事ならではの温もりもあって、いいな～と思ったのだが、古布の色や柄が、どうも〝わたし好み〟ではなくて躊躇してしまった。そこで、鈴木さんに古布のイメージを伝えて、待つこと三か月。三セットほど届いた中から、選んだのがこのひいな。お雛様の頭の飾りは小さくても銀製で、本物の輝きを放っている。我が家の小さなお雛様、ね、かわいいでしょ。

銀飾り小丸びな
素材：古布、銀
サイズ（約）：直径90×高さ90mm
2万5200円～
鈴木マミ子
（すずきまみこ）
福井県坂井市三国町陣ヶ岡23-15-12
0776・82・7620

一〇〇

伊東久重さんの桜の小筥

百選のトリを飾るのは、京都の有職御人形司十二世伊東久重さんの「桜の小筥」。華やかで、きれいで、かわいくて、品格がある。桐箱に描かれた可憐な桜を見ているだけで幸せな気分になれ、手に取るとやさしいオーラにふわっと包まれる。これは、胡粉高盛金彩絵という技法でひとつずつていねいに描かれた逸品だから、小さくても製作には約三か月かかり、おのずと高額にもなる。けれど、この美しい小筥が持っている存在感に魅了され、思いきって購入した。なにを入れるわけでもないので、伊東先生にお願いして、中に桜の花を一輪、特別に描いていただいた。蓋を開けるたびに、白い桜の花が微笑んでいるようで、うれしいときはもちろんだが、つらいときや悲しいときにも、小筥を取り出して愛でていると不思議と勇気がわいてくる。幸せを運んでくれる桜の小筥は、心の拠り所のひとつであり、わたしの宝物だ。

高盛金彩絵 花の小筥「桜」
素材：桐箱
サイズ（約）：縦85×横60×高さ30mm
21万円
伊東久重（いとうひさしげ）
京都府京都市北区衣笠鏡石町8
075・461・2922

第八章

啓子桂子

最終章はおまけの八選。「啓子桂子」のものを紹介します。「啓子桂子」とは、京都在住のバッグデザイナーの千原啓子と、わたし＝裏地桂子のふたりのＫＥＩＫＯが立ち上げたブランド。彼女に自分用の和装トラベルバッグをオーダーしたことから、ソフトトラベル和装バッグ（２０６頁参照）の商品化がはじまり、それが縁で「啓子桂子」ブランドが誕生。「啓子桂子」は、わたしが企画とプロデュース、千原啓子がデザインを担当し、“スタイリッシュでありながら、どこかに和を感じさせるものづくり”をコンセプトに、二人三脚で商品開発を進めています。東京

桂子

1 ソフトトラベル和装バッグ
2 竹籠バッグ
3 酒袋バッグ
4 革風呂敷
5 紙香
6 麻の携帯手提げ袋
7 折りたたみ鏡
8 マチなし革ポーチ

と京都から発信する、大人のためのシンプルで上質なユニセックスなテイストが信条です。

バブル世代のわたしたちはブランドものも大好き。バッグなら「エルメス」「ルイ・ヴィトン」「プラダ」などを愛用しています。でも、「啓子桂子」では、いわゆるスーパーブランドにはない商品で、「こういうのがあったら絶対、買うのにな〜」とふたりのＫＥＩＫＯが思う〝デザイン和もの〟な商品を提案しています。そして、「啓子桂子」ブランドとして、少しずつ認められて、長く愛用されるようになってほしいのです。いつか品のいい白い革の着物用のバッグを発表するのが、「啓子桂子」としてのわたしの夢。白い足袋に白い着物バッグのコーディネートを、わたしらしい和装スタンダードにしたいのだが、これぞ！と思える白い革の着物用の和装バッグがないので、つくりたいと考えています。ご期待ください。

1

ソフトトラベル和装バッグ

着付けができないわたしは、着物一式を持ち運んで着付けてもらうことが多いのに、そのための洒落たバッグがなかった。何度も試作品をつくり、ようやく完成したのが、この和装バッグ。見た目はシンプルな黒のソフトトラベルバッグ。男女兼用で洋装にも和装にも合う。たとう紙を半分に折ったものがすっぽり入る横型サイズで、軽いナイロンに一部革を使用してリッチ感を出した。底に鋲があるので床に立つし、鍵と取り外し可能な肩掛け用ベルト付き。特にこだわったのが、付属品の充実。着物を着るために必要な和装小物を入れる袋は、入れる物ごとに分けて忘れたりしないようにした。着物のよれを防ぐためのネル地の芯棒や着物ハンガーもある。バッグの保管や送付に便利な外袋も付いていて、いたれりつくせり。うれしいことに、松屋銀座七階のデザインコレクションや二〇〇六年度のグッドデザイン賞に選定された。

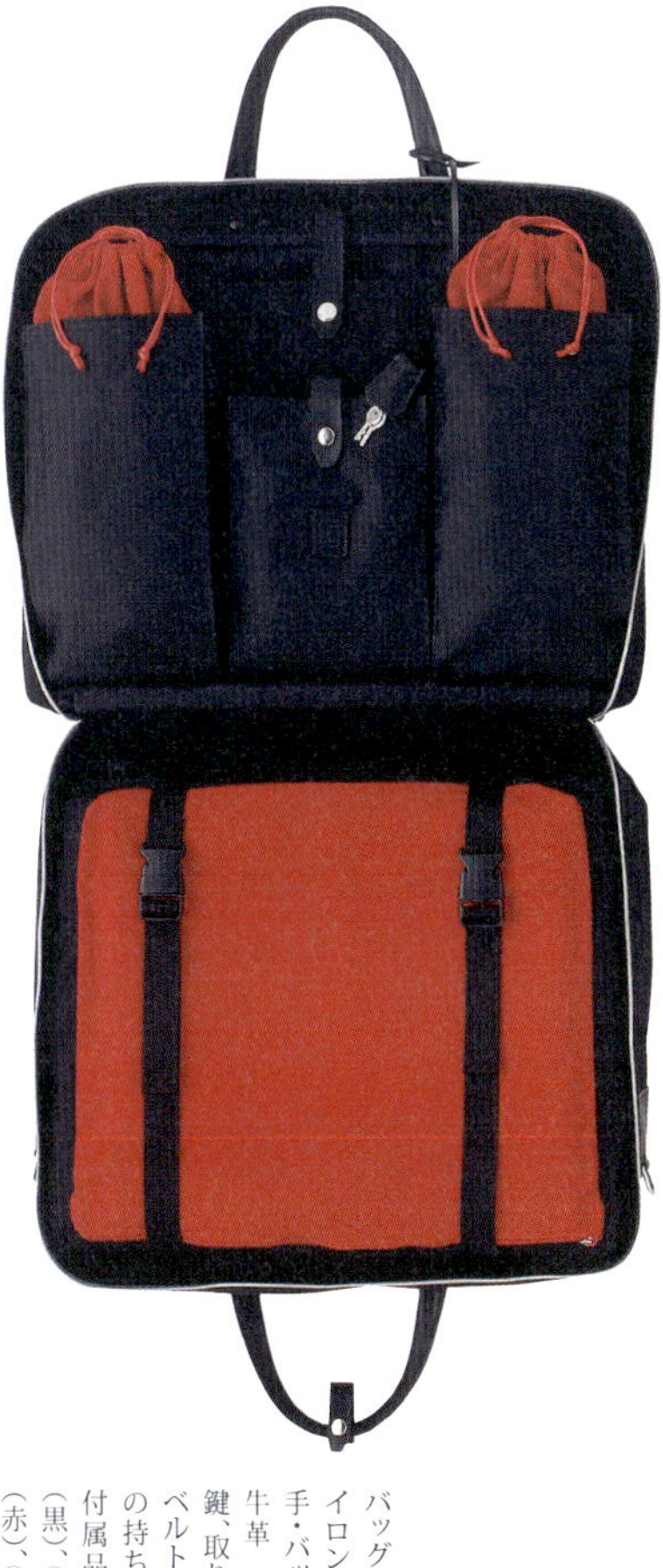

バッグ素材：本体／国産織ナイロン（強撚糸使用）、持ち手・バッグ一部／高級ソフト牛革

鍵、取り外し可能な肩掛け用ベルト付き、底に鋲付き、革の持ち手どめ付き

付属品：①着物用不織布袋（黒）、②長襦袢用不織布袋（赤）、③帯用不織布袋（黒）、④和装小物用マチ付きナイロン袋（黒）、⑤ネル地袋（赤）、⑥ぞうり・シューズ用ネル地袋2枚（赤）、⑦ネル地芯棒2本（赤）、⑧折りたたみ式着物ハンガー（袋付き）、⑨ナイロン外袋

バッグサイズ（約）：縦380×横500×マチ145㎜

5万2500円

2

竹籠バッグ

［横長］
素材：籠／国産真竹、中布／竹麻、持ち手／牛革、仕上げ／拭き漆
サイズ（約）：縦150×横320×マチ100㎜
色：黒、こげ茶
5万3550円

［正方形］
素材：籠／国産真竹、中布／高級ラム革・人工皮革スエード、持ち手／牛革、仕上げ／拭き漆
サイズ（約）：縦170×横185×マチ100㎜
色：黒
4万9350円

和洋装に持てる上質なあじろ編みの竹籠バッグ。横長は長財布などの長いものも入る。パーティにも持てるこぶりな正方形は、黒の革の結びをとくと内側は赤の人工皮革スエード貼りで、季節を問わず使える。

桂子
啓子

3 酒袋バッグ

4 革風呂敷

酒袋バッグ

素材:酒袋(手織り木綿に柿渋塗り)、持ち手/ホースレザー

サイズ(約):縦700×横300mm

2万3100円

老舗の酒蔵で酒を搾るときに実際に使われていた酒袋を使用。柿渋塗りで丈夫なうえ、防腐性・防水性が高い酒袋は、いまや貴重な古布。黒革とのコンビで男女兼用に持てるモダンな合切袋。

革風呂敷

素材:高級ラム革

サイズ(約):縦750×横750mm

色:黒

4万6200円(専用革袋入り)

今のファッションに合うように、風呂敷をソフトな黒い革でつくった。使いやすいサイズなので、普段から粋に使ってほしい一枚。

65

紙香
麻の携帯手提げ袋

紙香
素材：紙
内容：紙香10枚、桐箱入り
サイズ(約)：紙香／縦144×横15㎜
価格未定
紙に染み込ませた香りがほのかに匂う。栞として手帳や文庫本に挟んだり、文香として手紙とともに送ったり。引き出しに入れて匂い香として使っても。

麻の携帯手提げ袋
素材：麻、ネームのみ革
サイズ(約)：縦450×横360㎜
4830円
内側のポケットにくるっとバッグ全体が入り、携帯に便利。麻は汚れても洗え、くたっとなった味わいもいい。男女を問わず、カジュアルに持ってほしい。

桂子
啓子

7 折りたたみ鏡

8 マチなし革ポーチ

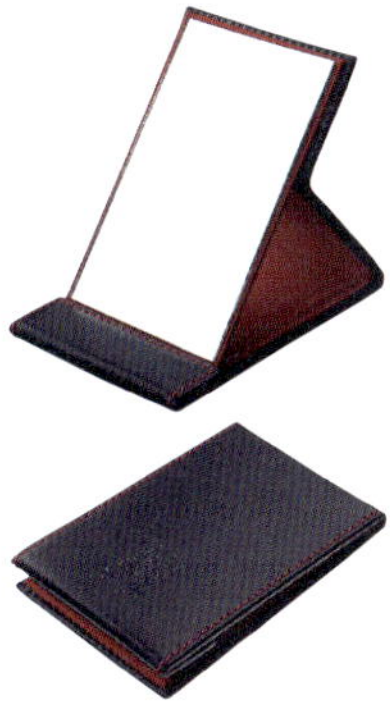

折りたたみ鏡
素材:高級牛革、裏布/シャンタンレーヨン
サイズ(約):縦105×横67×マチ16mm
色:黒×赤、黒×黒
4200円
携帯用の大きさと薄さにこだわった、革製のたて鏡。

マチなし革ポーチ
(小、大、横長)
素材:高級カーフ革、裏布/シャンタンレーヨン
サイズ(約):小/縦70×横135mm、大/縦170×横290mm、横長/縦70×横210mm
色:黒×赤、黒×黒、白×赤、白×銀、こげ茶×ピンク
小/4830円
大/1万9200円
横長/5250円
薄くて邪魔にならないマチなし。小はアクセサリーやカードケースに、横長はペンケースや眼鏡ケースに、大は長封筒や飛行機のチケットが折らずにはいるサイズ。パスポートや貯金通帳、はがきが入る内ポケットつき。

おわりに

わたしたちのライフスタイルは和洋折衷です。けれども、日本人の感性に一番フィットするのは、"和"ではないでしょうか。和にはやわらぐこと、穏やかであることの意味があり、"デザイン和もの"は、日本の技術と伝統を生かしながら、今の生活にマッチする和の心を持ったものたちです。

いいものには、力があり、いい気を感じます。お気に入りのものをひとつ手にすることで、そこから、新しい世界が広がります。たとえば、ものを通して、人との触れあいが生まれ、楽しいご縁がはじまったり、新しいものを使うことで、今までの時間や空間が、少し違った景色や色を帯びて見えることもあったり。ものは出会った瞬間が大事だと思うのです。そして、恋に落ちるように、そのものの虜になってしまう…。ある意味、この本は、わたしと百個の〝デザイン和もの〟との恋物語かもしれません。

わたしは、そういったものたちとの出会いや感動を大切にしたいので、しまい込まずに日常で使っています。だって、本来、ものは使う人のためにつくられていたはず。だからこそ、実際に自分で使ってよかったもの、人に贈ってよろこばれたものを責任編集しました。ただ、この本には、〝素〟のわたしが、ものを通してビジュアル化されているので、ちょっと気恥ずかしい思いもしています。

この本を手にしてくださった方にとって、この本の中にひとつでも、あなた好みのものがあったとしたら、それはとてもうれしいことです。ありがとうございました。

二〇〇六年十月吉日

裏地桂子

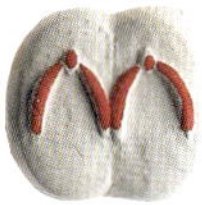

感謝をこめて

多くの人の善意と優しさに支えられ、この本ができました。出版元のラトルズ社の黒田庸夫さんとこの本に関わってくださったすべての方に、心から感謝したいと思います。本当にありがとうございました。

全編にわたる膨大な数の写真を、美しくとってくださったのは、カメラマンの川部米応さん。百選のものたちが、いきいきとよろこんでいます。それが、この本の見所です。ありがとうございました。それに、計4日間に及ぶ、朝から深夜までの川部さんのスタジオ・ピンク・フラッシュでの撮影には、奥様の川部フタハさん、アシスタントの白井麻美さん、北川鉄雄さんにも、大変お世話になり、深く感謝しています。

美しい装丁は、サンフランシスコ在住のグラフィックデザイナーの八木保さんと灰谷直洋さんのおかげ。Tamotsu Yagi Designの八木巧さんほか、スタッフのみなさまと深谷いくみさんも協力ありがとう。デザインの最終調整のため、八月の下旬に渡米して、八木さんのスタジオで、ずら〜っと全216ページを巨大なテーブルに並べて、1ページずつ、ていねいに確認作業をしました。知的で品のいいビジュアル本に仕上がり、とてもうれしいです。ページをめくるたびにきっと新鮮な驚きと出会いがあることでしょう。

編集の水野昌美さんとは、これまでも、いくつかのお仕事を一緒にやってきました。彼女のがんばりと正確な仕事ぶりには、絶対の信頼をおいています。つめの甘いわたしをがまん強くフォローしてくださり、なんとかこの本を出版することができたのは、水野さんのおかげです。

スタイリストの千葉美枝子さんには、撮影にあたり、適切なアドバイスをいただきました。彼女のセンスが大好きで、憧れの大人の女性のひとり。撮影初日には、立ち会ってくださり、とても感謝しています。

そして、誌面で紹介した百選のものの作家さんやそれを取り扱うショップとスタッフの方々。なかでも浦岡湜さんと林出香さん（セレクトショップ「京」）、五十嵐佳世さん（小学館「和樂」編集部）、山田有香さん（小学館プロダクション）には、ご協力を賜り、御礼を申し上げます。

また、出版記念Partyの発起人を務めてくださった以下の方々にも深く御礼申し上げます。発起人代表は植木莞爾さん（インテリアデザイナー）。以下、五十音順に、石村由起子さん（くるみの木オーナー）、黒川雅之さん（プロダクトデザイナー・建築家）、小泉誠さん（家具デザイナー）、鄭玲姫さん（李青オーナー）、鳥羽豊さん（ドトールコーヒー代表取締役）、みのぶさん夫妻、永野久美子さん（Gプランニング代表取締役）、福光松太郎さん（福光屋代表取締役）、三輪和彦さん（陶芸家）、八木保さん（グラフィックデザイナー）。事務局をかってでてくれた利岡祥子さん、高堂のりこさん、千原啓子さん、秋元美香さん、大樋洋子さん、ありがとう。ほかにも、ホームページを制作してくださった富澤宏之さん、八木宏嗣さん、鳥内政良さんにもご協力をいただきました。くじけそうなときに、いつも電話やメールで叱咤激励してくださった中尾洋子さん、宮野博恵さん、吉原昌子さん。的確な助言をくださった沢田浩さん。大好きなロールケーキやクッキーを頻繁に差し入れしてくれた森島良枝さん（まめの木オーナー）、まだまだ本当に多くの方々に励まされ、支えていただき、ありがとうございました。

最後に、妻の仕事に理解をしめし、いつも穏やかに、温かく見守ってくれていた夫に心から感謝します。

セレクトショップ「京」
京都府京都市東山区三十三間堂廻り644番地2
ハイアット リージェンシー 京都 ロビー内
075-541-3206
年中無休
営 9:30〜20:00、[金・土曜、祝前日]〜21:00

「啓子桂子」取り扱い店

松屋銀座
東京都中央区銀座3-6-1 7階デザインコレクション
03-3567-1211(代)

SAKE SHOP **福光屋銀座店**
東京都中央区銀座5-5-8-1F
03-3569-2291

粋更 kisara
東京都渋谷区神宮前4-12-10 表参道ヒルズ本館B2F
03-5785-1630

LACARTA・**ラカルタ**
東京都港区白金台5-3-7 くりはらビル102
03-5795-2644

京都デザインハウス
京都府京都市中京区三条通高倉東入桝屋町53-1
075-221-0200

セレクトショップ「京」(上記参照)
ショップにより、取り扱い商品が異なります。

啓子桂子 (075-201-6733)
http://www.keiko-keiko.com

スタジオ・ピンク・フラッシュ(代表:川部米応)
http://www.pinkflash.com

Tamotsu Yagi Design **(代表:八木保)**
http://www.yagidesign.com

和樂 最屓の店 クラスアップ通販
http://www.shopro.co.jp/waraku/

富澤デザイン事務所(代表:富澤宏之)
http://www.td-factory.com

＊本書のデータは、2006年9月現在のものであり、変わる場合もあります。

＊本書に記載されている商品の価格は、原則的に消費税(5%)込みの価格です。

＊店名(氏名)・住所・電話番号は、作者、工房、もしくは取り扱い店のものです。

＊印刷の都合により、実際の商品と写真の色や素材感が多少、異なる場合があります。

photo by Toshiaki Kamiko

裏地桂子
（うらじ けいこ）
クリエイティブコーディネーター。「啓子桂子」プロデューサー。1996年より、「Grazia」「婦人画報」「メイプル」などの女性誌でライター、コーディネーターとして活躍。衣食住ライフスタイル全般に精通し、小学館「和樂」の和樂贔屓の店・クラスアップ通販ページのセレクション・構成を担当。企業やショップの商品企画、コンサルティングやプロデュースにも定評があり、ホテル・ハイアットリージェンシー京都内のセレクトショップ「京」の商品セレクションも手がける。京都市在住のバッグデザイナー千原啓子と組み、スタイリッシュでありながら、どこか和を感じさせる"デザイン和もの"をコンセプトにした「啓子桂子」ブランドを展開中。「啓子桂子」のソフトトラベル和装バッグは2006年度のグッドデザイン賞を受賞。草月流師範。東京都在住。
http://www.keiko-keiko.com

わたし好みの
デザイン和もの百選

2006年11月24日　第1刷発行
2007年1月3日　第2刷発行

著者／裏地桂子
写真／川部米応
アートディレクション／八木保
デザイン・レイアウト／灰谷直洋（Tamotsu Yagi Design）
編集／水野昌美
発行者／『わたし好みのデザイン和もの百選』出版プロジェクト
発行所／株式会社ラトルズ
102-0092東京都千代田区隼町3-19 隼東幸ビル4階
Tel.03-3511-2785　Fax.03-3511-2786
http://www.rutles.net
ISBN 4-89977-170-3